Katzen homöopathisch
selbst behandeln

Katzen homöopathisch selbst behandeln

von Angela Münchberg

CADMOS

Gestaltung und Satz: Ravenstein + Partner, Verden
Lektorat: J. Aurahs
Fotos: Chr. Pinnenkamp, G. Fries, J. Aurahs, IPO
Druck: Westermann, Zwickau

Printed in Germany

ISBN 3-86127-123-0

Inhalt

Katzen haben eine höhere Körpertemperatur als Menschen: Bis 38,5 Grad Celsius sind völlig normal. (Foto: Schanz)

Einleitung

Damit Sie Ihrem Tier gefasster und sicherer in gesundheitlichen Krisensituationen beistehen können, wurde dieses Buch geschrieben. Nicht immer lässt sich der Gang zu einem Tierarzt vermeiden, in manchen Fällen ist dieser Weg bestimmt auch richtig und besser. Aber bei kleinen Wehwehchen und größeren Problemen soll Ihnen dieser Ratgeber helfen, bei Ihrem Tier zur schnellen Genesung beizutragen und es gesund zu erhalten. Je öfter Sie mit homöopathischen Arzneien arbeiten, umso sicherer werden Sie im Umgang und in der Auswahl der entsprechenden Mittel werden. Wenn Sie sich noch nie mit dieser Behandlungsmethode auseinander gesetzt haben, beginnen Sie zunächst bei leichteren Erkrankungen. Später werden Sie sich dann auch die Behandlung etwas schwererer Krankheiten zutrauen. Im Zweifelsfall sollten Sie allerdings immer einen ausgebildeten Therapeuten zurate ziehen.

Vergessen Sie nicht: Erst durch die praktische Anwendung werden Sie Sicherheit bekommen. Genaue Beobachtung ist allerdings unerlässlich, um die richtige Wahl für das homöopathische Mittel zu treffen. Nicht selten sind körperliche Erkrankungen auch Ausdruck einer seelischen Disharmonie. Die beste Therapie nützt nichts, wenn die möglichen Ursachen nicht berücksichtigt werden. Ein Tier, das den ganzen Tag sich selbst überlassen ist ohne Abwechslung, ohne Spiel und andere Aufmerksamkeiten, wird unweigerlich seelisch erkranken. Viele körperliche Krankheiten können durch eine naturnahe Ernährung vermieden beziehungsweise therapiert werden. Dies gilt im besonderen Maße bei reinen Wohnungskatzen, denen die Möglichkeit verwehrt wird, sich selbst frische Kost zu fangen.

Wenn Sie noch nie eine kranke Katze gepflegt haben, dann möchte ich Ihnen an dieser Stelle ein paar nützliche Tipps geben. Größere Abweichungen der normalen Parameter einer Katze sollten Sie aufmerksam werden lassen. Eine gesunde Katze macht 20 bis 25 Atemzüge pro Minute. Der Pulsschlag sollte zwischen 110 und 170 pro Minute liegen. Um den Puls zu prüfen, sucht man an der Schenkelinnenseite eine Arterie und presst sie mit dem Finger gegen den Knochen. Nun kann man den Puls fühlen, seine Qualität feststellen. (Ist er kräftig und regelmäßig?) und ihn auszählen. Eine Körpertemperatur bis 38,5 Grad Celsius ist normal. Um sie messen zu können, sollten Sie ein spezielles Tierthermometer verwenden, das Sie in der Apotheke oder bei Ihrem Tierarzt erwerben können. Katzen schwitzen bei Angst oder Krankheit, eine Schweißabsonderung ist jedoch nur an den Ballen möglich. Im Frühjahr und Herbst ist der Fellwechsel normal, Abweichungen davon sollten genau beobachtet werden. Erst im Alter von etwa sechs Monaten stellt sich der Glanz des Haares ein und kann uns so auch wertvolle Hinweise auf mögliche Erkrankungen geben.

Wenn Ihrer Katze eine Untersuchung oder auch Pflegestunde bevorsteht, kann dies schon mal mit heftigen Kratzern auf Ihrer Haut abgehen. Versuchen Sie einmal, Ihre Katze mit den Händen mit raschen Zügen von hinten über den Kopf zu streichen beziehungsweise leicht zu massieren. Dieser Bewegungsablauf wirkt bei den meisten Katzen ungemein beruhigend und vermindert die Angst.

Sollte es nun trotz bester Haltungs- und Ernährungsbedingungen zu einer Erkrankung kommen, lässt sie sich in vielen Fällen mit Homöopathie behandeln.

Grundlagen der Homöopathie

Gesundheits- und Krankheitsbegriff

In jedem Lebewesen regiert die Lebenskraft uneingeschränkt. Sie hält innere und äußere Lebensvorgänge in einem harmonischen Gleichgewicht. Wird diese Harmonie gestört, so können akute oder sich langsam entwickelnde Krankheiten daraus entstehen. Dabei kann das erkrankte Tier eine ihm eigene Symptomatik zeigen.

Nun stellt sich die Frage, welcher Behandlung man den Vorzug geben möchte, wenn sich eine Erkrankung bereits zu erkennen gab – einer schulmedizinischen oder einer homöopathischen Therapie. Diese Entscheidung lässt sich schwer-

Jeder Behandlung einer kranken Katze muss immer eine sorgfältige Untersuchung vorausgehen. (Foto: Schanz)

lich fällen, kennt man die Unterschiede nicht. Zunächst betreffen sie sehr deutlich die unterschiedliche Denkweise zur Auffindung des Arzneimittels. Der Schulmediziner sucht zunächst nach einer gesicherten Diagnose. Herangezogen werden dazu Symptome und Symptomkomplexe (so genannte Syndrome) von Krankheitszeichen. Der Homöopath hingegen benutzt klinische Diagnosen nur zur Eingrenzung des notwendigen Therapieverfahrens. Für die Arzneimittelwahl haben sie hingegen keine Bedeutung. Vielmehr wird der Patient als Ganzes betrachtet. Die Gesamtheit aller Symptome, sowohl körperlicher als auch geistiger Natur, wird herangezogen und besonders nach auslösenden Ursachen gesucht.

Der Schulmediziner versucht durch seine Arzneimittelgabe die Symptome zu unterdrücken und somit vordergründig zu beseitigen. Selten wird dabei Rücksicht auf die individuelle Situation des Patienten genommen. Das Ziel eines Homöopathen hingegen ist es, den Körper des Kranken zur Heilung zu bringen. Um ein optimales Ergebnis zu erlangen, wird deshalb nicht nur die Arznei, sondern auch die Dosis und die Zeit der Verabreichung individuell an den Patienten angepasst. Somit gibt es praktisch keine Nebenwirkungen oder gar Therapieschäden.

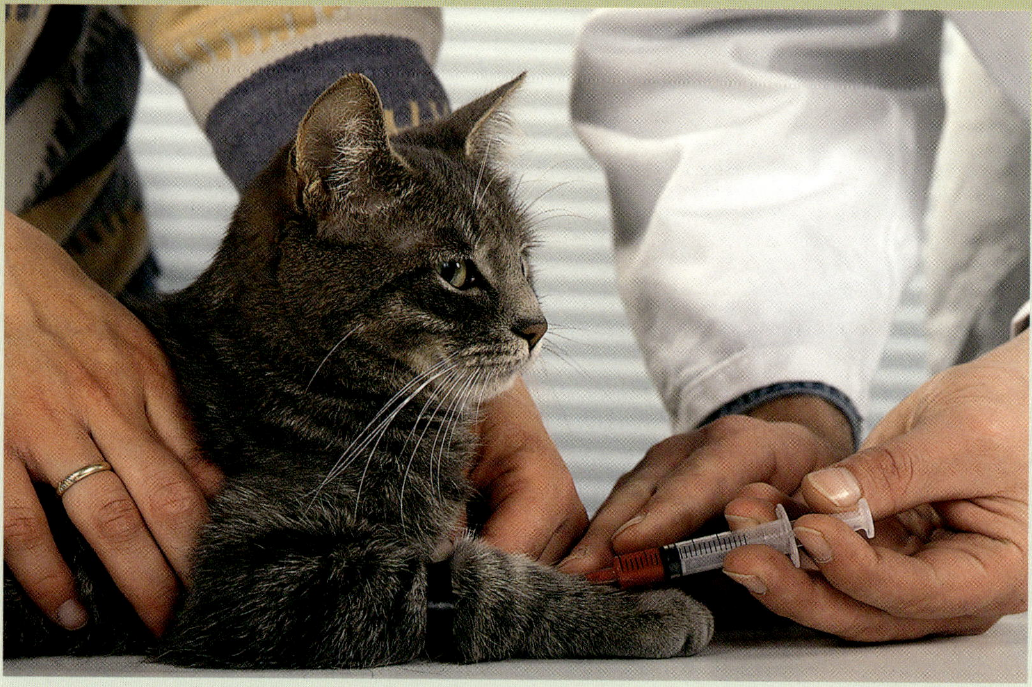

Störungen der inneren Organe sind oft erst durch eine Blutuntersuchung zu finden. (Foto: Schanz)

Simile-Gesetz

„Similia similibus curentur" lautet das Grundprinzip der Homöopathie, „Ähnliches möge durch Ähnliches behandelt werden". Homöopathie (griechisch „homoios": gleich, „pathos": Leiden, also „gleiches Leiden") nannte der Arzt, Apotheker, Chemiker und Pharmakologe Samuel Hahnemann (1755–1843) das von ihm entdeckte Heilsystem in einer ersten Veröffentlichung 1796 im Hufeland Journal, einer damals viel gelesenen Ärztefachzeitschrift. 14 Jahre später folgte ein Buch, in dem Hahnemann seine Erfahrungen und Zubereitungsmethoden bekannt gab. Noch heute wird sein *Organon der Heilkunst* als Grundlagenwerk angesehen.

Nach dem Ähnlichkeitsprinzip muss zur Heilung eines Kranken das Mittel gefunden werden, das am Gesunden die ähnlichsten Beschwerden hervorruft. Das Verstehen des Simile-Gesetzes bereitet häufig Schwierigkeiten. Aber genau damit entscheidet sich das Wirken oder Versagen einer homöopathischen Therapie. Aus diesem Grund sei ein Beispiel genannt: die Küchenzwiebel. Wer sie klein schneidet, merkt bald die tränenden Augen und die triefende Nase. Eine vermehrte Flüssigkeitsabsonderung der Schleimhäute trägt Schuld daran. Nun denken Sie mal an Ihren letzten Schnupfen, traten da nicht die gleichen Symptome auf? Hier wäre Ihr Mittel der Wahl die potenzierte Form der Küchenzwiebel (Allium cepa).

Arzneimittelprüfung

Um die Wirkung eines Arzneimittels an gesunden Lebewesen festzustellen, wird gesunden Menschen die zu testende Substanz verabreicht. Dann werden alle auftretenden Beschwerden erfasst, und zwar nicht nur körperliche, sondern auch emotionale und geistige Symptome. Heilungen von Kranken bestätigen schließlich das Symptomenbild homöopathischer Arzneien. Die gesammelten Erkenntnisse über die Wirkung einer Arznei fließen dann zu dem so genannten Arzneibild zusammen. Geprüft werden sowohl pflanzliche (wie Ringelblume, Calendula), tierische (wie Honigbiene, Apis mellifica), mineralische (wie Schwefel, Sulfur) als auch synthetische Substanzen.

Homöopathische Mittel wirken bei Tieren auf dieselbe Weise wie bei Menschen. Deshalb ist eine zusätzliche Prüfung im Tierversuch nicht nötig. Wenn Sie Ihrer Katze aus Unwissenheit oder durch falsche Interpretation der Symptome ein nicht indiziertes Homöopathikum verabreichen, dann kann ihr eine solche Arzneimittelprüfung widerfahren. Ein Beispiel soll dies verdeutlichen: Ihre Katze hat einen Schnupfen. Sie kratzt und scheuert sich an der Nase, wodurch die Nasenlöcher ganz wund sind. Dies würde für die Anwendung von Belladonna sprechen, das Sie auch verabreichen. In der Aufregung haben Sie jedoch leider den wichtigen Hinweis übersehen, das sich alle Symptome in der Wärme verschlechtern und im Freien und in der Kälte bessern. Dies zeigt die Wahl für das Mittel Allium cepa an. Was passiert nun? Ihre Katze wird eine Arzneimittelprüfung durchmachen. Die Symptome zeigen das Bild der Belladonna, häufiges Niesen stellt sich ein, die Nasengänge können anschwellen und die Atmung erschweren. Bitte nicht in Panik geraten, lassen Sie einfach das falsche Mittel weg, warten Sie, bis sich die Symptome normalisiert haben, und verabreichen dann die richtige Arznei, in diesem Fall Allium cepa. Im Zweifelsfall besprechen Sie die weitere Vorgehensweise mit Ihrem Tierhomöopathen. Dieser kann, wenn es nötig ist, ein so genanntes Antidot (Gegenmittel) verabreichen.

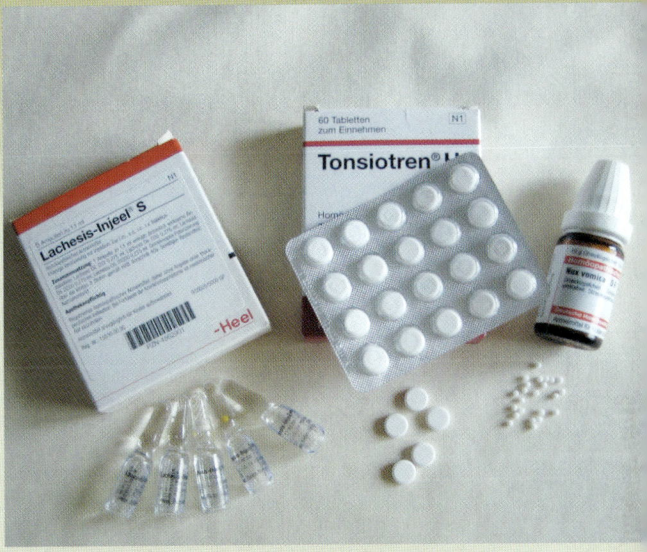

Globuli, Streukügelchen, sind die bekannteste Form homöopathischer Medikamente, es können aber auch Tropfen, normale Tabletten oder Ampullen zum Spritzen sein. (Foto: Aurahs)

Potenzierung und Potenzwahl

Hahnemann entdeckte, dass einerseits durch Verdünnung und zwischenzeitliche Verschüttelung beziehungsweise Verreibung eine schädliche Wir-

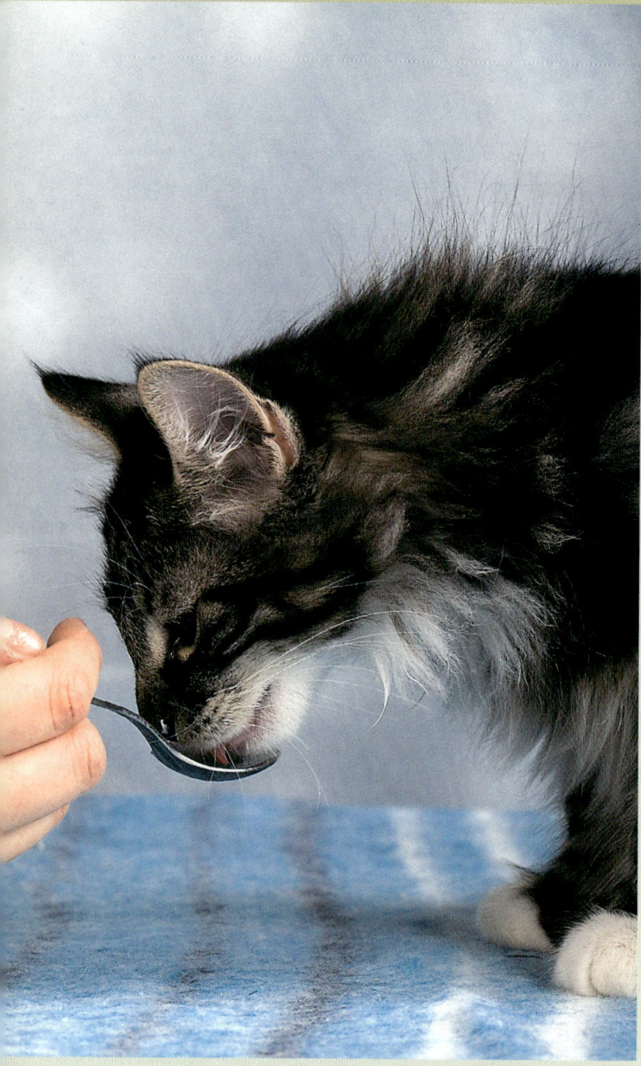

Homöopathische Tropfen nicht ins Trinkwasser mischen, sondern mit ein paar Tropfen Wasser vermischt anbieten. Bitte verabreichen Sie die Tropfen von einem Plastiklöffel, da Homöopathika nicht mit Metall in Berührung kommen sollen. (Foto: Schanz)

kung vermeidbar war, andererseits die Wirksamkeit bei der Heilung nach dem Simile-Gesetz verstärkt werden konnte. Diese Verstärkung wird Potenzierung oder Dynamisierung genannt. Die Potenzierung erfolgt nach festgelegten Regeln.

Dezimal-Potenz

Zu einem Teil Arzneistoff gibt man neun Teile des Trägerstoffs (D1). Von dieser Mischung wird ein Teil entnommen, in ein neues Gläschen gegeben und bei geschlossenem Behälter zehnmal mit kräftigen, abwärts gerichteten Schüttelschlägen gegen eine feste, jedoch federnde Unterlage geführt (D2). Davon wird wieder ein Teil entnommen, es folgen erneut zehn Schüttelschläge (D3) usw.

Als Trägersubstanz nutzt man ein Alkohol-Wasser-Gemisch oder Milchzucker. Der Buchstabe gibt somit an, mit wie viel Teilen Trägersubstanz verdünnt wurde, und die Zahl dahinter, wie oft man dies getan hat.

D3, D12 oder auch zum Beispiel C6 zählen zu den Niederpotenzen. Tiefe Potenzen wirken eher auf der körperlichen Ebene. Sie können zum Beispiel auf krankhaft verändertes Hautgewebe einwirken, bei Durchfall Abhilfe schaffen oder gar Eitergeschwüre zum Reifen und Abheilen bringen.

Centesimal-Potenz

Zu einem Teil Arzneistoff gibt man 99 Teile des Trägerstoffs (C1). Das Verfahren der Dynamisierung gleicht dem der Dezimal-Potenzierung. Doch C30 oder beispielsweise LM6 zählen zu den Hochpotenzen. Sie wirken auf das Gemüt, auf der Ebene der Seele, des Geistes und des Körpers. Hier findet der Ausdruck des „Konstitutionsmittels“ seinen Platz. Bei der Wahl dieser Potenz müssen nicht nur die körperlichen Symptome, sondern auch das Gemüt, der Charakter mit der Arznei übereinstimmen.

Eine gute Kenntnis der einzelnen Mittel ist hier von Bedeutung.

Quinquagiesmillesima-Potenzen

LM-Potenzen – oder richtiger Q-Potenzen – werden nach einer C3-Potenz auf 1:50.000 verdünnt und anschließend in 1:50.000 weiter potenziert. Hahnemann entwickelte die LM-Potenzen in seinen letzten Lebensjahren und wendete sie erfolgreich an.

LM-Potenzen können unterschiedliche Ebenen ansprechen. Sie können bei akuten, weniger akuten (subakut) und chronischen Erkrankungen angezeigt sein und wirken im seelischen, mentalen und körperlichen Bereich. Die Dosierung von LM-Potenzen braucht etwas Übung, denn sie ist eine Kunst und sollte aus diesem Grund eher den Fachleuten vorbehalten sein.

➤ **Faustregel:** Mit der Dauer der Erkrankung und der psychischen Belastung steigt die Höhe der benötigten Potenz.

Dosierung und Dauer der Therapie

Homöopathische Arzneien sind in unterschiedlicher Darreichungsform bei jeder Apotheke erhältlich: als Lösung (zum Beispiel Tropfen), Tabletten, Streukügelchen (Globuli), Verreibung (zum Beispiel Pulver), Salben oder auch in Form von Ampullen (für Injektionen).

Unter einer Dosis versteht man:
1 Tablette oder
5 Globuli oder
5 Tropfen

Die Dosierung richtet sich nach der Größe und Sensibilität der Katze.

Bei weniger akuten Krankheiten reichen zwei bis drei Gaben für einige Tage aus. Chronische Erkrankungen benötigen einige Tage länger. Ist eine Hochpotenz für die Behandlung genannt, so verlängert sich der Abstand der Arzneigabe, wie im Folgenden angegeben. Man verabreicht eine Arznei, solange die krankhaften Beschwerden vorherrschen.

Die einsetzende Besserung erkennen Sie am Allgemeinzustand Ihres Tieres. Die Katze fühlt sich erleichtert und wohler. Handelte es sich zum Beispiel um eine Durchfallerkrankung und der Kotabsatz erscheint wieder in normaler Form und Konsistenz, dann haben Sie Ihr Tier erfolgreich behandelt. Ein gutes Zeichen für die richtige Wahl des Mittels ist auch, wenn das Tier gleich nach der Eingabe ein kleines Schläfchen macht. Dies passiert nicht selten, allerdings muss dieser heilende Schlaf nicht unbedingt und bei jeder Katze auftreten.

Die Dosis braucht nicht wiederholt zu werden, wenn die Besserung weiter fortschreitet. Sobald bei Ihrer Katze der Normalzustand erreicht ist, beenden Sie die Arzneigabe. Auf keinen Fall sollten Sie das Mittel „vorsichtshalber" weiter verabreichen! Die Homöopathie ist eine Regulationstherapie. Was bereits wieder reguliert worden ist, geht auch ohne weitere Verabreichung des homöopathischen Mittels seinen Weg.

Nach Gabe homöopathischer Arzneien kann es zu einer so genannten Erstverschlimmerung kommen. Diese Erstreaktion kann wenige Stunden, seltener ein bis zwei Tage andauern. Sie

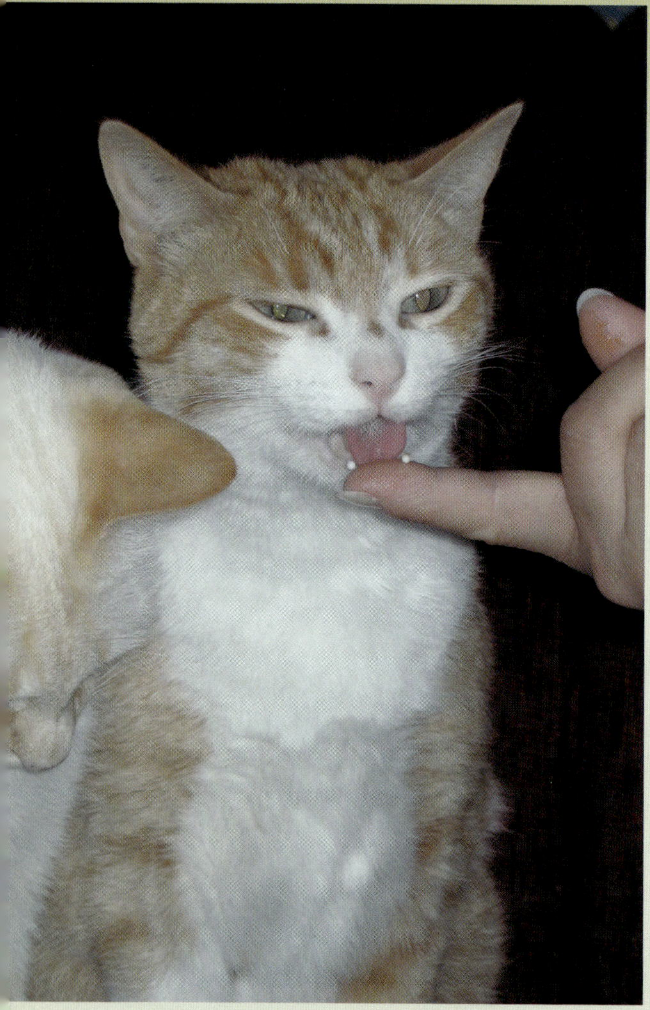

Die Streukügelchen sind so klein, dass Katzen sie nicht wieder ausspucken. (Foto: Aurahs)

bedeutet eine Verschlimmerung der Krankheit der Katze als Folge einer übersteigerten Reaktion auf eine Arznei. Somit zeigt uns eine solche Reaktion die Richtigkeit der Mittelwahl. Dies kann als erfreuliches Zeichen angesehen werden. Es zeigt aber auch eine unangemessene Potenzwahl gegenüber der Sensibilität der Katze.

Hahnemann wies darauf hin, wie die Heilung verlaufen sollte. Dr. Constantin Hering formulierte dies in dem Hering'schen Gesetz der Heilung:

- von innen nach außen
  (zum Beispiel Behandlung einer Bronchitis, im Therapieverlauf tritt ein Ekzem auf, welches allmählich abheilt)
- von oben nach unten
  (zum Beispiel Behandlung und Abheilung einer Bindehautentzündung, daraufhin tritt ein wiederholtes Ekzem an der Pfote auf und wird zum Abheilen gebracht)
- von jetzt zu früher
  (zum Beispiel vor langer Zeit mit Cortison und Antibiotika behandelte Hauterkrankung; diese verschwand, dafür tauchte eine Ohrentzündung auf, welche die gleiche Behandlung erfuhr. Nun soll eine Konstitutionsbehandlung durchgeführt werden. Die zuvor unterdrückend behandelten Erkrankungen können im Heilungsprozess chronologisch rücklaufend wieder auftreten und endgültig ausgeheilt werden.)

Entscheidend ist aber die richtige Auswahl des homöopathischen Mittels nach dem Simile-Gesetz. Eine genaue Beobachtung der Symptomatik ist somit unerlässlich und führt uns so zu der richtigen Arznei.

Verabreichung

Tropfen lassen sich entweder direkt aus dem Fläschchen oder mit einem Plastiklöffel in das Maul verabreichen. Am besten gibt man sie zwischen Lefzen und Zähne, denn sie werden über

Mit einer zwei Milliliter-Spritze (ohne Nadel!) lassen sich flüssige Medikamente oft am einfachsten eingeben (Foto: Schanz)

die Schleimhäute aufgenommen. Da Tropflösungen stark mit Alkohol versetzt sind, sollten Sie sie mit ein paar Tropfen Wasser verdünnen. Das mildert den intensiven Geschmack. Bei Problemen hat es sich bewährt, die Tropfen in einer zwei-Milliliter-Spritze aufzuziehen und direkt zwischen Lefzen und Zähne zu geben.

Tabletten sind manchmal nicht so gut zu verabreichen. Die Arznei soll über die Schleimhäute aufgenommen werden. Es ist schwierig, einem Tier beizubringen, die Tablette so lange im Maul zu behalten, bis sie sich aufgelöst hat. Am besten zerreiben Sie die Tablette mit einem Plastiklöffel und tauchen einen angefeuchteten Finger in das Pulver. So können Sie der Katze die Medizin auf die Zunge streichen. Das Pulver löst sich schnell auf und kann so nicht wieder ausgespuckt werden.

Globuli kann man einfach in das Maul geben, am besten ebenfalls in die Lefzentasche. Dort lösen sie sich auf. Globuli werden von Katzen sehr gut angenommen.

Komplexmittel und Homaccorde

Komplexmittel enthalten mehrere homöopathische Arzneien in fester Kombination, oft in unterschiedlicher Potenz. Vertreter der klassischen Homöopathie lehnen die Behandlung mit diesen Mitteln ab. Es gibt weltweit etwa 2.000 homöopathische Arzneien. In einem solchen Ratgeber ist es kaum möglich, sämtliche Facetten eines Krankheitsbildes aufzuführen, um dieser Vielzahl homöopathischer Mittel gerecht zu werden. Somit bilden Komplexmittel für Interessierte oft den Einstieg in die Homöopathie und erlauben auch dem Laien eine gute Übersicht und schnelle Hilfe. In der Praxis haben sich diese Arzneien durchaus bewährt und finden auch hier Berücksichtigung.

Einen weiteren Einstieg in diese Materie bieten die so genannten Homaccorde. Hierbei handelt es sich um homöopathische Einzelmittel, die in unterschiedlichen Potenzen zusammengefasst wurden. So enthält zum Beispiel eine Ampulle Lachesis-Injeel S®(Firma Heel) das Arzneimittel Lachesis in der D12, D30, D200 und D1000. Die Potenzwahl entfällt also mehr oder weniger, allerdings muss auch hier die Arznei nach dem Ähnlichkeitsprinzip ausgewählt werden. Zudem kann dieses Mittel sehr gut oral, zum Beispiel mit einer Spritze ohne Kanüle, verabreicht werden.

Aufbewahrung homöopathischer Arzneien

Für die homöopathische Hausapotheke sollten Sie eine besondere Ecke einrichten. Sie soll fernab von Sonnenlicht und Wärme liegen. Auch haben Desinfektionsmittel, stark duftende Parfüms oder ähnliche Substanzen nichts in der Nähe dieser Arzneien zu suchen. So aufbewahrt halten sich homöopathischen Mittel sehr, sehr lange!

Im Notfall sollte jedes Familienmitglied in der Lage sein, das richtige Mittel auszuwählen. Dafür ist es hilfreich, in einem kleinen Heft die Anwendungsfälle zu notieren. Wenn Sie mehr als eine Katze betreuen, sollten Sie für jedes Tier ein eigenes Heft ausfüllen. In Ihrem Apothekenschrank sollte auch ein Zettel mit Name, Telefonnummer und Sprechzeiten Ihres Tierheilpraktikers und Tierarztes deponiert werden, das erspart Ihnen in akuten Situationen unnötiges Suchen.

Wenn Katzen sich streiten, kommen sie nicht immer mit Kratzern davon. (Foto: Pinnekamp)

Krankheiten selbst behandeln

Krankheiten des Kopfes

Das Auge

Schwerwiegende Augenerkrankungen sind bei Katzen eher die Seltenheit. Verwachsungen oder Einschlagung des Augenlids, Neubildungen auf der Hornhaut oder in den Augenlidern müssen chirurgisch versorgt werden und gehören in die Hände eines erfahrenen Tierarztes.

Bei Kämpfen entstehende Verletzungen oder Entzündungen können Sie ohne Schwierigkeit selbst behandeln.

Verletzung der Nickhaut

Wenn zwei Kater miteinander kämpfen, kann es zu Verletzungen in der Umgebung des Auges oder der Lider kommen. Direkte Verletzungen an den Lidern müssen häufig genäht werden, um spätere Kompli-

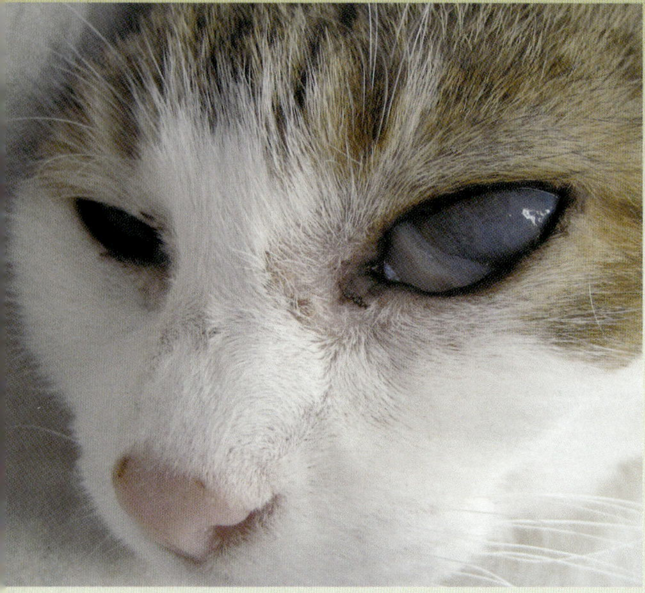

Das kann die Folge eines Kampfes sein. Bei richtiger Behandlung verschwindet diese Augeneintrübung aber wieder (Foto: Fries)

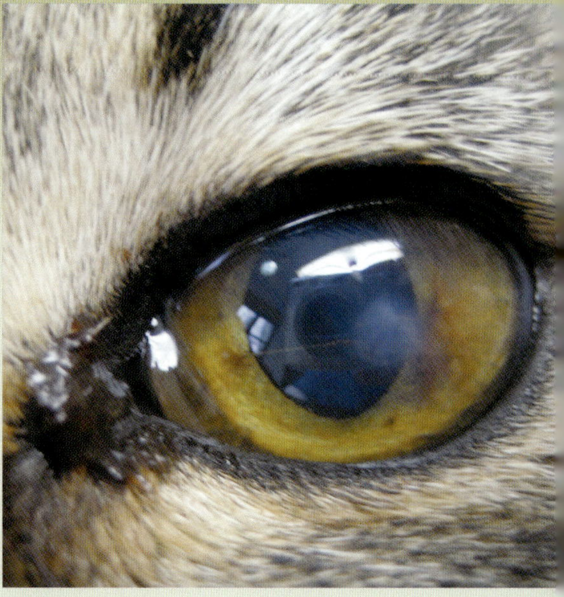

Auch so eine Hornhautverletzung gehört in Behandlung eines Tierarztes (Foto: Fries)

kationen zu vermeiden. Eine selbstständige Behandlung empfiehlt sich also nur bei Kampfspuren in der Umgebung des Auges oder der Backen.

› Behandlung: 20 Tropfen Calendula-Tinktur mit einer Tasse warmes Wasser vermischen. Mit einer Kompresse oder einem sauberen Baumwolltuch die Wunde drei- bis viermal täglich für kurze Zeit befeuchten.

- Arnica D6
  Bei größere Verletzungen
- Bellis perennis D4
  Bei kleineren Verletzungen
- Hepar sulfuris D12
  Wenn die Verletzung bereits länger zurückliegt und eitert. An der betroffenen Stelle kann eine Kälte- und Berührungsempfindlichkeit festgestellt werden.

Bindehautentzündung (Konjunktivitis)

Ursache einer Bindehautentzündung können Zugluft, Schmutz, Staub oder allgemeine Erkältungen sein. Wird dieses akute Geschehen nicht behandelt, kann es leicht in einen chronischen Prozess übergehen. Die gesunde Lidbindehaut zeigt sich glänzend, glatt und blassrosa. Im Stadium einer Entzündung reicht sie von einer leichten bis zu starker Rötung. Neben einer Schwellung kann auch Ausfluss von wässrig bis gelblich eitrig beobachtet werden. Je nach Ursache und individuellem Aussehen der akuten Konjunktivitis wählen wir unser homöopathisches Mittel aus.

› Behandlung:

- Aconitum D30
  Angezeigt bei einer schmerzhaften Entzündung, ausgelöst durch kalten Wind oder Zugluft.

- Allium cepa D3
  Wenn die Bindehautentzündung Folge einer Erkältung oder Zugluft, begleitet von Schnupfen mit scharfem, wund machendem Nasenfluss ist. Zu beobachten ist reichlich milder, nicht wund machender Tränenfluss. Auffällig bei diesem Mittel ist eine Verbesserung der Begleitsymptome (Husten, Schnupfen) im Freien. Kommt die Katze von draußen in die warme Wohnung, tritt eine Verschlechterung ein.
- Apis D4
  Angezeigt bei diesen Symptomen: Die Augenlider sind auffallend geschwollen. Aufgrund stechender Schmerzen reagiert die Katze in diesem Bereich stark berührungsempfindlich. Das Durstgefühl ist vermindert beziehungsweise ausgesetzt. Eine bisher ungewohnte Scheu des Tieres kann beobachtet werden. Oft ist dies alles Anzeichen einer allergischen Ursache und bedarf gründlicher Diagnostik eines Fachmannes.
- Euphrasia D4
  Bei dickem und wund machendem Tränenfluss angezeigt. Die Bindehäute sind geschwollen und das Tier reagiert lichtscheu. Schnupfen und Nasenfluss begleiten das Bild dieser akuten Entzündung.
- Pulsatilla D4
  Das Mittel der Wahl, wenn die anfängliche Konjunktivitis in gelblich grünen Eiter übergeht oder Sie Ihr Tier erst in diesem Zustand vorfinden. Die Augenlider sind rot und geschwollen, die Umgebung der Augen ist jedoch nicht gereizt.
- Euphorbium D4
  Ist angezeigt, wenn die Entzündung mit auffallendem Juckreiz einhergeht. Dazu gesellt sich ein Trockenheitsgefühl im Auge. Dies alles veranlasst Ihre Katze dazu, sich ständig mit der Pfote selbst Linderung verschaffen zu wollen. Zeitgleich besteht oft ein heftiger Niesreiz und Schnupfen, der weder überhört noch übersehen werden kann.

Altersstar (Katarakt)

Im Allgemeinen gehört er zu den Alterskrankheiten und deshalb bleibt auch unsere Katze nicht davon verschont. Der Katarakt entwickelt sich meist unbeachtet. Vom Besitzer zu bemerken ist mit der Zeit lediglich eine vorsichtigere Aktivität seines Tieres. Vielleicht reagiert die Katze etwas ungeschickter und ängstlicher. Im Normalfall tritt der Star ab dem achten Lebensjahr, meistens beidseitig, auf. Erfolgt diese Linsentrübung in früheren Jahren, liegt die Ursache meistens an der Ernährung. Als weitere Ursachen kommen Eiweißstoffwechselstörungen, Folgen von Augenkrankheiten oder Hormonstörungen in Betracht. Neben einer homöopathischen Behandlung sollten also die Ursachen erkannt und, soweit möglich, abgeändert beziehungsweise abgestellt werden.

› Behandlung:

- Causticum D30
  Bei trockenen und matt wirkenden Augen des Tieres, mit Lichtscheu einhergehend. Die Katze selbst ist kälteempfindlich, scheu und neigt zu Neuralgien und Weichteilrheumatismus.
- Naphtalin D12
  Ist bei etwas eigentümlichen und mürrischen Katzen angezeigt. Diese Tiere leiden häufig unter Stuhlabsatzproblemen. Die Augen wirken leer und ausdruckslos.

Schiebt sich das dritte Lid, die Nickhaut, vor das Auge, ist das immer ein Alarmsignal: Die Katze hat ein Gesundheitsproblem. (Foto: Schanz)

- Silicea D12

  Wird bei einem Patienten mit normalem Altersstar benötigt. Nach drei Wochen wechselt man zu Calcium fluoratum D12 für die gleiche Zeit. Nach einer längeren Pause kann diese Kur wiederholt werden.
- Natrium chloratum D12

  Dieses Mittel wird benötigt, wenn der Katarakt durch das falsche Futter verursacht wurde. Zweimal täglich eine Dosis für einen Zeitraum von drei Wochen, nach einiger Zeit wiederholen. Nebenher soll unbedingt eine Futterumstellung erfolgen!

Die Ohren

Die Ohrmuschel und der äußere Gehörgang bilden zusammen den Schalltrichter. Dieser empfängt ankommende Schallwellen und leitet sie an das Mittel- und Innenohr weiter. Das äußere Ohr enthält Schutzeinrichtungen, um größere Störungen am inneren Ohr zu verhindern. Dazu zählen feinste Härchen und das gegen Bakterien und Pilze wirksame Ohrenschmalz. Schmutz, Mikroorganismen und kleinere Fremdkörper werden hier aufgefangen, zersetzt oder wieder nach draußen befördert. Die Ohren einer gesunden Katze brauchen nicht gereinigt werden. Nur wenn nötig,

Mit auffallend häufigem Kratzen und Kopfschütteln versucht die Katze einen Juckreiz im Ohr loszuwerden. (Foto: Pinnekamp)

bedarf es einiger Tropfen verdünnter Calendula-Tinktur oder auch Johanniskrautöls, die in das Ohr eingeträufelt und leicht massiert werden.

Blutohr (Othämatom)

Im Kampf mit anderen Katzen oder auch bei Auseinandersetzungen mit Hunden kann es zu Verletzungen am Ohr oder Ohrrand kommen. Dies erfordert manchmal den Einsatz eines Chirurgen, der die Wundränder wieder fein säuberlich zusammennäht. In seltenen Fällen kann ein solches Trauma einen Bluterguss am Ohr auslösen. Als Blutohr bezeichnet man einen Bluterguss zwischen Ohrknorpel und Haut. Die betreffende Ohrmuschel ist warm und hängt mehr oder weniger mit einer prall gefüllten Verwölbung herab. Die anfängliche Rötung kann später ins Bläuliche übergehen und die Ohrmuschel kann sich wieder kühler anfühlen. Obwohl in dieser Phase der Schmerz weniger groß ist, wird der Kopf nur sehr vorsichtig, fast wie in Zeitlupe bewegt. Auf keinen Fall sollten Sie in den Bluterguss hineinstechen oder ihn gar aufschneiden. Dies hätte nur eine erneute Füllung zur Folge und erhöht die Infektionsgefahr. Überhaupt ist ein operativer Eingriff selten vonnöten. In unserer homöopathischen

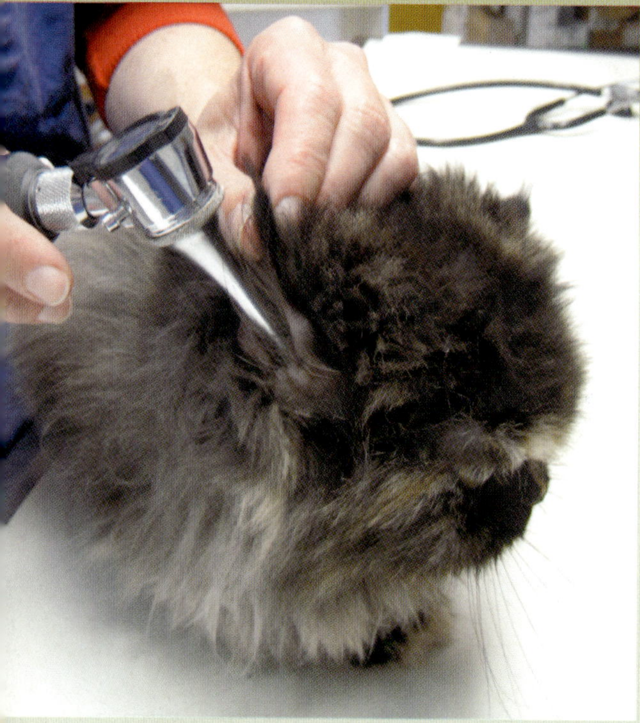

Fremdkörper oder Milben tief im Ohr findet der Tierarzt sofort mit seiner Lupenlampe (Foto: Fries)

Apotheke finden wir das Mittel, das eine Resorption des Ergusses ermöglicht.

› Behandlung:

Die frische Wunde wird zunächst mit verdünnter Calendula-Tinktur behandelt. Dazu nehmen Sie einen Milliliter Tinktur auf zehn Milliliter warmes Wasser. Zur Nachbehandlung eignet sich Arnika- oder Calendula-Salbe, die man an der betroffenen Stelle dünn aufbringt.

- Arnica D30

  Unterstützt zu Beginn die Behandlung der Verletzung und des Blutohres.

- Ruta D6

  Folgt auf Arnica, wenn sich der Erguss bläulich zu verfärben beginnt.

Gehörgangsentzündung (Otitis externa)

Eine Entzündung des äußeren Gehörganges stellt auch bei Katzen eine häufige, recht unangenehme und langwierige Ohrerkrankung dar. Als Ursache kommen neben Staub und Schmutz auch Bakterien, Pilze, Milben und überschüssiges Ohrenschmalz in Betracht. Die Schutzmechanismen des Ohres (Flimmerhärchen und Ohrenschmalz) können einen Teil der Belastung abfangen. Mangelnde Ohrhygiene, eine vorangegangene oder noch bestehende andere Erkrankung oder auch intensiver Kontakt mit Milbenträgern überlastet das Abwehrsystem. Die Katze schüttelt ständig den Kopf und kratzt sich bei jeder Gelegenheit hinter den Ohren.

Ein zunächst grauweißlicher Belag wird meistens durch den Befall von Milben hervorgerufen. Dieser führt, durch die einsetzende Entzündung, bald zu einer Ansammlung von dunklem Ohrenschmalz. Dieses wiederum kann einen Pfropf bilden, der den Gehörgang regelrecht verstopft. Der Juckreiz wird zum Abend hin in der Wärme beziehungsweise warmen Wohnung schlimmer und das Verhalten unserer Katze ist empfindlich gestört. Die Milben legen in die Haut des Gehörganges Eier ab und bereits nach zwei Tagen schlüpfen die Larven. Eine längere Behandlung von mindestens einer Woche Dauer ist also unumgänglich.

Gerade bei Jungtieren kann ein starker Milbenbefall verheerende Folgen nach sich ziehen. Der entzündliche Prozess kann auf das Mittelohr übergreifen und somit nervöse und auch Gleichgewichtsstörungen verursachen. Und diese Milben sind ansteckend! Leben also mehrere Katzen oder auch Hunde mit in einem Haushalt, müssen alle zeitgleich therapiert werden. Eine Behandlung sollte so schnell wie möglich eingeleitet werden.

› Behandlung:

Mit der Calendula-Tinktur haben wir ein schnell wirkendes Mittel zu Hand. Über mehrere Tage wird es ein- bis zweimal täglich in das Ohr geträufelt und anschließend vorsichtig massiert. Zur innerlichen Unterstützung wird Calendula D3 dreimal täglich verabreicht. Diese Therapie gilt auch für akute Ohrenentzündungen, die nicht durch Parasiten verursacht worden sind. Sind Pilze an der Entzündung schuld, verwenden Sie eine frisch gepresste Knoblauchzehe, deren Saft Sie mit etwas Milch verdünnen. Mit einem darin getränkten Wattestäbchen kann man nun vorsichtig die Ohren bepinseln. Es gibt kaum ein besseres und wirksameres Antipilzmittel.

Bei Entzündungen mit chronischem Verlauf sollte die Arznei wieder individuell der Symptomatik angepasst werden.

- Graphites D6

Stämmig gewachsene Katzen mit gesteigertem Appetit passen in dieses Arzneimittelbild. Die Tiere erkälten sich schnell und neigen eher zu Kotabsatzproblemen. Im Rahmen der Ohrenentzündung zeigt sich reichlich Ohrenschmalz, dessen Aussehen und Konsistenz an Honig erinnert. Häufig vergesellschaftet mit gleichzeitig auftretenden Ekzemen um Lippen und Augen.

- Hepar sulfuris D12

Diese Katzen wollen keinen an sich heranlassen, da sie an den Ohren hochempfindlich reagieren. Aus diesem Grund sollten Sie eine lokale Behandlung zunächst aussetzen. Der Ausfluss

Calendula-Tinktur ins Ohr träufeln und Ohransatz sanft massieren reicht als Behandlung. Nie mit Wattestäbchen ins Ohrinnere gehen! (Foto: Schanz)

Ohrenschmerzen lassen eine Katze berührungsempfindlich, unruhig und äußerst kratzbürstig werden. (Foto: IPO)

ist gelblich-blutig, dick und riecht nach altem Käse. Bis zum Nachlassen der Schmerzhaftigkeit viermal täglich eine Dosis, anschließend kann der eitrige Ohrenschmalz entfernt werden, ohne dass man Kratz- und Bissspuren an Armen und Beinen davonträgt.

- Mercurius solubilis D6
  Dieses Mittel ist bei länger bestehenden Gehörgangsentzündungen angezeigt. Es besteht intensiver Juckreiz. Die Gehörgänge sind geschwollen, entzündet und mit gelbem Eiter und dicken Krusten versehen.
- Psorinum D15
  Dieses Arzneimittel passt zu diesem Katzentyp: gefräßig, friert auffällig und riecht extrem. Die Entzündung kann schon seit Jahren bestehen und hat sich bisher als recht resistent gegen eine Behandlung gezeigt. Wenn die Ohren gelbbräunlichen Eiter aufweisen und der Ausfluss wie gekochtes Fleisch riecht, dann hilft diese Arznei, zweimal täglich verabreicht. Dem Mittel entsprechend zeigt sich zum Winter hin eine Verschlimmerung mit Juckreiz.
- Sulfur D30
  Dieses Mittel sollten Sie für einige Tage nach der Ausheilung jeder Otitis verabreichen. Damit verhindern Sie ein erneutes Aufkommen der Entzündung.

Mittelohrentzündung (Otitis media)

Hierbei handelt es sich um eine vielfach mit Eiter einhergehende Erkrankung im Bereich der Paukenhöhle. Eine Ausbreitung auf die Umgebung, zum Beispiel das Innenohr oder den äußeren Gehörgang, kann nicht ausgeschlossen werden. Im Umkehrprozess können dort vorherrschende Probleme auf das Mittelohr einwirken. Manchmal tritt eine Mittelohrentzündung auch als Begleitsymptom beim Katzenschnupfen auf. Die Katze läuft bei einer Otits media unsicher im Kreis herum. Durch den anhaltenden Schmerz wird der Kopf seltsam steif getragen und kaum bewegt. Das Tier mag nicht am Kopf gestreichelt werden, was durch Knurren, Fauchen oder gar schmerzhafte Abwehrbewegungen deutlich gemacht wird. Um diese Pein schnellstmöglich zu beenden, hält unsere homöopathische Apotheke einige Möglichkeiten bereit.

› Behandlung:

- Belladonna D30

  Eher ein Mittel, das wir zu Beginn der Erkrankung auswählen. Unsere Katze zeigt ein auffällig unruhiges und ängstliches Verhalten. Sonnenlicht wird gemieden und auch Lärm und alle anderen Sinnesreize verschlechtern den Zustand.

- Chamomilla D6

  Dieses Mittel findet bei extrem übel gelaunten und unzufriedenen Katzen seinen Einsatz. Diese Tiere sind nicht nur unduldsam gegen Schmerzen, sondern zeigen ein Verhalten, das oft in keinem Verhältnis zum tatsächlichen Leiden steht. Allerdings vertragen diese Kratzbürsten sehr gut Wärme.

- Capsicum D5

  Dieses Mittel passt zu der akuten Entzündung, wenn sich das Ohr heiß anfühlt und dazu geschwollen aussieht. Diese Katze wirkt schlaff und neigt zu Fettansatz. Obwohl eher ein kälteempfindlicher Typ, sucht sie bei der Otitis media mit ihrem Kopf gezielt kühle Stellen auf.

- Lachesis D30

  Dieses Mittel zeigt einen besonderen Bezug zur linken Seite. Somit kann sich die Entzündung nur im linken Ohr befinden oder von diesem auf das rechte ausweiten. Typisches Anzeichen für Lachesis ist das Liegen auf der betroffenen Seite, das Besserung hervorruft. Dies wiederum gilt im besonderen Maße, wenn es sich dabei um die rechte Seite handelt. Häufig sind die Ohrenschmerzen mit Halsschmerzen vergesellschaftet und verschlechtern sich beim Schlucken. Aus diesem Grund verweigert die Katze auch die Nahrungsaufnahme.

Legt sich eine Katze mit Ohrentzündung nur noch auf die linke Seite, ist Lachesis D30 das Medikament der Wahl für sie. (Foto: Schanz)

- Silicea D30

  Dieser Patient wirkt eher mager und frostig. Das Fell erscheint sehr struppig und es kann ein Juckreiz mit einhergehen. Aus dem Ohr entleert sich oft ein dünner, wund machender und scharf riechender Eiter.

Fertigfutter ist praktisch, aber die Zähne der Katze haben nichts mehr zu tun. (Foto: Schanz)

Die Zähne

Das Gebiss der Katze ist in hohem Maße an Fleischnahrung angepasst. Pflanzliche Kost wird nur in geringen Mengen aufgenommen, zum Beispiel über den Verdauungstrakt der Beute. Das bis zur Unkenntlichkeit pürierte Dosenfutter bietet der Katze absolut nichts zum Kauen an. Mit Trockenfutter bekommt das Gebiss zwar etwas zu tun, allerdings bestehen die Kroketten zum größten Teil aus pflanzlichen Bestandteilen. Diese sind zwar ernährungsphysiologisch wichtig, jedoch als Anteil der Nahrungsmenge vernachlässigbar. Als Folge können wieder andere gesundheitliche Probleme, zum Beispiel Blasengries, auftreten. Das soll nicht der erhobene Zeigefinger gegenüber der Futtermittelindustrie sein, aber die Evolution hat das Katzengebiss nun einmal für Herausforderungen konzipiert. Fehlen diese, dann degeneriert es, die Folge sind Zahnausfall, Zahnstein und Karies.

Zahnstein

Hierbei handelt es sich um Ablagerungen, die von bestimmten Salzen aus dem Speichel stammen, daran können bereits junge Katzen erkranken, besonders wenn die zuvor genannten Faktoren vorliegen oder eine konstitutionelle Veranlagung besteht. Anfänglich oder bei leichteren Fällen zeigt sich eine begleitende Zahnfleischentzündung. In anderen Fällen ist die Zahnsteinbildung so heftig, dass man darunter einen Zahn nur noch erahnen kann. Es folgen Parodontose und letztendlich der Zahnausfall. Neben einem möglichen Speichelfluss fällt besonders der penetrante Mundgeruch auf. Ursache dafür sind die Kolonien von Bakterien, die sich an den Belägen ansammeln. Eine Verweigerung jeglichen Futters ist spätestens dann sicher, wenn sich eine Mundschleimhautentzündung noch dazugesellt. Es kann in diesen Fällen mit Störungen im Verdauungssystem gerechnet werden.

› Behandlung:

Es ist unumgänglich, die dicken Beläge von einer Fachkraft mechanisch entfernen zu lassen. Geringere bis mittelschwere Zahnsteinbildungen können Sie selbst zum Beispiel mit Maxi Guard®-Zahngel angehen. Neben einem kauintensivem Futter kann dieses natürliche Präparat auch zur regelmäßigen Zahnpflege eingesetzt werden.

Bei jungen Katzen kann man ab dem vierten Monat Calcium phosphoricum D6 unterstützend verabreichen. Dies sollte über einen längeren Zeitraum geschehen. Das Ergebnis sind wunderschöne, prachtvolle Zähne. Bei älteren Tieren kann, neben einer konstitutionellen Behandlung, drei- bis viermal im Jahr kurmäßig Calcium fluoratum D12 und Calcium phosphoricum D12, täglich im Wechsel, gegeben werden.

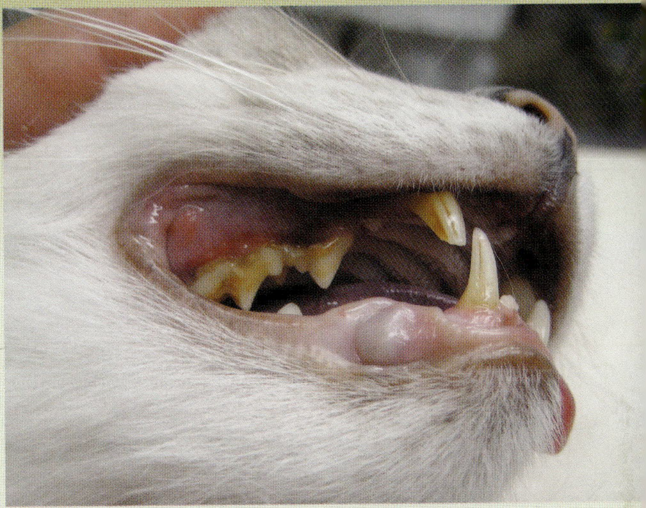

Hat sich Zahnstein gebildet, kann ihn der Tierarzt oft nur unter Narkose entfernen (Foto: Fries)

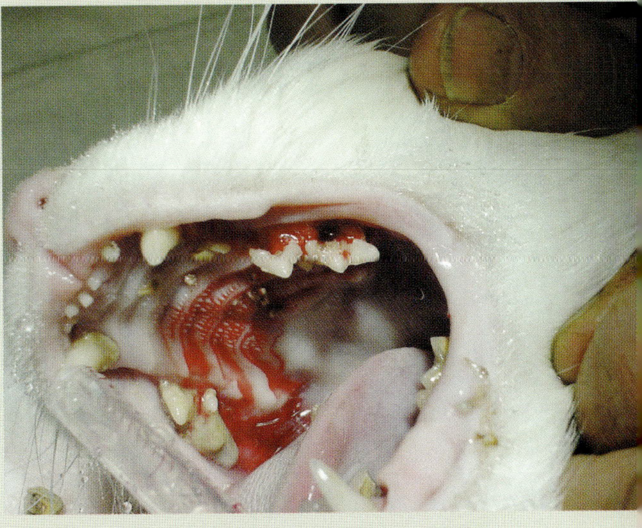

Beim Entfernen des Zahnsteines wird sichtbar, wie weit Zähne und Zahnfleisch davon angegriffen wurden (Foto: Fries)

Zahnfleischentzündung (Gingivitis)

Eine Zahnfleischentzündung stellen Sie anhand eines geröteten Zahnrandes fest. Behandlungen mit Antibiotika bringen nur für den Zeitraum der

Nicht jedes Niesen muss eine Erkältung bedeuten. Manchmal ist es nur eine Reaktion auf zu neugieriges Schnuppern. (Foto: Schanz)

Einnahme Linderung. Wird das Medikament abgesetzt, geht die Gingivitis munter weiter ihren Weg. Das liegt daran, dass die Antibiose nur die Begleitbakterien bekämpft. Ursächlich jedoch müsste die Schleimhaut saniert werden. Das Zahnfleisch kann geschwollen sein und leicht zu bluten beginnen. Neben einer weiß-grau belegten Zunge können auch wunde Mundwinkel auffallen. Ein fauliger Geruch aus dem Maul sowie Schluckbeschwerden fügen sich in das Bild ein.

❯ Behandlung:

Soweit die Toleranz Ihrer Katze mitspielt, sind Spülungen eine gute Möglichkeit, die Entzündung zu behandeln und das Schleimhautterrain zu sanieren. Für die Spülung verwenden Sie eine zehn-Milliliter-Einmalspritze und Salbeitee, der sich immer wieder bei großflächigen Entzündungen bewährt hat.

- Acidum nitricum D6
  Auffällig bei dieser Entzündung sind die wunden Mundwinkel und ein fauliger Atem, auch ein vermehrter Speichelfluss, dem durchaus Blut beigemengt sein kann. Das Zahnfleisch blutet leicht und wirkt schwammig. Die Zunge ist sauber und rot, manchmal gelb belegt, welk und rissig. Nicht nur das Kauen der Nahrung ist schmerzhaft, sondern auch das Abschlucken bei jedem Bissen.
- Kreosotum D6
  Bei schwammigem, leicht blutendem Zahnfleisch. Die Zunge kann sich weiß gefleckt und aus dem Mund eine intensiv riechende und brennende Absonderung zeigen.
- Mercurius solubilis D6
  Auch hier findet sich eine schwammige, leicht blutende Entzündung. Allerdings zeigt die Zunge einen eher grau-weißlichen Belag und kann mitunter angeschwollen sein. Der Speichel fließt dauernd, tropft aus dem Mund und wirkt seifig, klebrig. In dieses Arzneimittelbild passen sich Schluckbeschwerden sowie eine vergrößerte Ohrspeicheldrüse ein.

Die Nase

Obwohl der Geruchssinn der Katze recht gut ist, steht er den Augen und Ohren nach. Die wesentliche Bedeutung des Geruchssinnes liegt sowohl im sozialen Bereich als auch in der Beurteilung der Nahrungsqualität. Normalerweise beriechen Katzen nämlich sehr ausführlich ihr mögliches Futter, bevor sie es fressen. Obwohl Katzen nicht zu den Aasfressern gehören, könnten sie in extremen Notsituationen dazu gezwungen sein. Das ausgiebige Beschnuppern verhindert die Aufnahme zu alter und somit unbekömmlicher Nahrung.

Schnupfen (Rhinitis)

So ein Nasenkatarrh kann als lokale Störung auftreten, im Sinne einer allergischen Reaktion oder als Begleitung einer Allgemeinerkrankung. Grundsätzlich sollte jeder Katarrh als sinnvoller Reinigungsprozess des Organismus betrachtet werden, so auch die Rhinitis. Und natürlich sollte zunächst die Ursache abgeklärt werden. Handelt es sich um ein Begleitsymptom oder ist der Schnupfen allergischer Natur, muss man die Behandlung entsprechend auslegen. Besteht der Schnupfen als alleiniges Übel, können wir unseren Patienten mit folgenden homöopathischen Arzneien helfen.

› Behandlung:

- Aconitum D30

  Es ist das Mittel ersten Ranges für akute Entzündungen. Typisch für dieses Arzneimittelbild ist das plötzliche Auftreten der Symptome, häufig durch kalten Wind ausgelöst. Dazu gehört auch eine kurze Fieberphase mit Angstzuständen. Die Nase ist eher trocken beziehungsweise zeigt nur wenig wässrigen Ausfluss.

- Allium cepa D4

  Dieser Schnupfen wird im Freien, in der kühlen, frischen Luft besser. Gekennzeichnet ist dieses Arzneimittelbild durch reichlichen, wässrigen und scharfen Fließschnupfen. Das scharfe Sekret hinterlässt an den Nasenlöchern kleine Wunden.

- Belladonna D30

  Wird häufig als Folgemittel von Aconitum bezeichnet. Ist Aconitum ein Mittel ersten Ranges, so gehört Belladonna in die zweiten Phase des Krankheitszustandes. Der Nasenspiegel ist im Allgemeinen eher trocken. Der Schnupfen ist fließender Natur, zunächst klar, später auch schleimig, eitrig und eventuell mit Blut vermischt. Die Rhinitis ist oft mit einem ausgeprägten hohlen Husten vergesellschaftet. Auffallend ist eine Überempfindlichkeit der Sinne. Die Katze reagiert dann ungewohnt schreckhaft und auch der Schlaf wird von Unruhe begleitet.

- Luffa operculata D12

  Der Nasenspiegel erscheint recht trocken. Der klare oder milchig-weiße Fließschnupfen ist morgens vermehrt. Häufiges Niesen und Juckreiz können beobachtet werden. Das Allgemeinbefinden ist reduziert, die Katze zieht sich gerne zurück und legt in dieser Zeit auf engeren Körperkontakt keinen Wert.

- Pulsatilla D4

  Typisch für dieses Mittel ist der dicke gelbe bis gelb-grünliche Ausfluss. Das zähe Nasensekret quillt in reichlicher Menge aus den Nasenlöchern, ist dabei jedoch mild, also nicht wund machend.

- Rhus toxicodendron D12

  Großes Bewegungsbedürfnis und Unruhe fällt bei diesem Mittel auf. Nässe und Kälte verschlimmern das häufige und krampfartige Niesen, das vermehrt wässriges Sekret hervorbringt. Die Nasenlöcher sind wund und verleiten die Katze dazu, ständig mit ihrer Zunge darüber zu lecken.

Der so genannte Katzenschnupfen (Feline Virale Rhinotracheitis) befällt geschwächte Tiere und ist für junge Katzen lebensgefährlich. Die Behandlung muss unbedingt ein erfahrener Therapeut übernehmen. (Foto: Schanz)

Stirnhöhlenentzündung (Sinusitis)

Eine Entzündung der von der Nase her zugänglichen Nebenhöhlen wird als Sinusitis bezeichnet. Diese Stirnhöhlenentzündung folgt gerne einem nicht schnell auszuheilenden Schnupfen. Zu beobachten ist dabei der einseitige Nasenausfluss. Je nach Absonderung wird das individuelle Arzneimittel ausgewählt.

› Behandlung:

- Cinnabaris D4

  Dieses Homöopathikum setzten wir bei dem immer wiederkehrenden chronischen Schnupfen ein. Gelbgrüne, eitrig-schleimige Absonderungen von üblem Geruch sind zu beobachten.

- Hydrastis D12

  Dieses Mittel findet seinen Einsatz bei ausgesprochen dickem Schleim. Die Absonderungen sind weißlich bis gelblich und teilweise auch blutig. Besonders nachmittags finden wir reichlich von diesem Schleim. Häufig zeigen sich zusätzlich Rachen- und Kehlkopfentzündungen, die äußerst unangenehm für das Tier sind.

- Phosphor D12

  Wenn es sich um eine chronische Sinusitis handelt, findet dieses Mittel sein Aufgabengebiet. Der sehr zähe Nasenausfluss zeigt sich glasigweiß und kann teilweise auch mit etwas Blut vermischt sein.

Die Atemwege

Zu den oberen Atemwegen gehören Nase und Rachen. Zu den unteren Atemwegen zählen Kehlkopf, Luftröhre, Bronchialbaum und die Lungen. Zunächst durchströmt die Atemluft die Nase. Dort wird sie gereinigt und erwärmt. Die so geprüfte Atemluft strömt nun weiter hinter dem Rachen an den Stimmritzen des Kehlkopfes vorbei. Durch die Luftröhre gelangt sie in die Bronchien. Deren Schleimhäute sind mit feinsten Flimmerhärchen besetzt, ein weiterer Schutzmechanismus. Nun gelangt die Atemluft in die Lungenbläschen. In ihnen findet der Gasaustausch statt.

Mandelentzündung (Tonsillitis)

Allgemein werden Entzündungen im Rachenraum unter dem Begriff der Angina zusammengefasst. Wie beim Menschen liegen auch bei unserer Katze rechts und links im Rachen zwei Mandeln. Diese sollen eindringende Krankheitskeime abfangen. Bei einer Entzündung in diesem Bereich spricht man von einer Angina tonsillaris oder Tonsillitis. Diese Entzündung wiederum entspricht einer Abwehrreaktion des Körpers. Neben bakteriellen und viralen Infekten kommen auch chemische Reize, wie zum Beispiel Staub, als Ursache in Betracht. Neben Schluckbeschwerden zeigt sich auch Husten, Räuspern, vermehrter Spei-

Fieber wird bei einer Katze immer im After gemessen. Bestreichen Sie die Spitze des Thermometers mit Öl oder Vaseline, damit es für Ihre Katze nicht zu unangenehm ist. (Foto: Schanz)

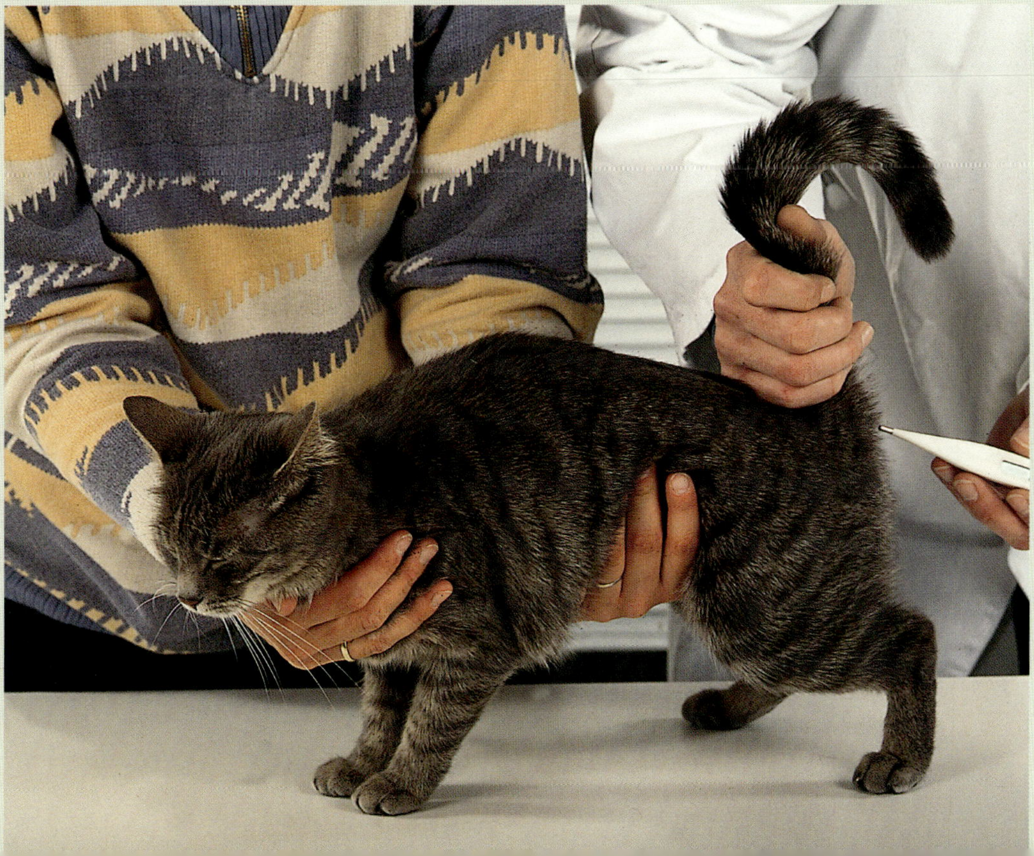

Typisch für eine Mandelentzündung sind Schluckbeschwerden, sowohl bei festem Futter wie auch bei Wasser. (Foto: Schanz)

chelfluss und das vorsichtige Kauen kleinerer Bissen. Die Halsgegend ist druckempfindlich und mancher Patient reibt seinen Hals an rauen Gegenständen, ganz so, als wolle er einen unsichtbaren Fremdkörper loswerden. Zeitweise kann das Durstverhalten etwas reduziert sein. Auch ein unangenehmer bis widerlicher Geruch ist aus dem geöffneten Maul zu erkennen. Für eine genauere Untersuchung der Rachenmandeln sollten Sie allerdings einen Fachmann hinzu rufen. Dieser kann durch vorsichtiges Herunterdrücken der Zunge und unter Einsatz einer Lampe den Rachen genauer inspizieren. So kann festgestellt werden, ob die Tonsillen vergrößert, gerötet oder gar ganz vereitert sind. Im weiteren Entzündungsprozess kann sich dies auch auf den Kehlkopf ausbreiten, dann spricht man von einer Laryngitis. Auch ein Aufsteigen über die Ohrtrompete in das Mittelohr ist möglich und kann so eine Otitis media hervorrufen. Die Behandlung richtet sich nach den erkennbaren Symptomen.

› Behandlung:

- Aconitum D30

  Angezeigt im ersten Stadium mit hohem Fieber, als ob das ganze Tier zu glühen scheint. Dieser Patient macht einen extrem ängstlichen, schon panischen Eindruck. Der Hals ist sehr berührungsempfindlich und der Husten trocken, heiser und spärlich. Kalter Wind oder auch kaltes Wasser sind der Auslöser für diese Form der Angina tonsillaris.

- Barium carbonicum D12

  Dieser Patient „liebt" seine Erkrankung und trägt sie offen zur Schau, um damit Aufmerksamkeit zu erhaschen. Die chronisch verdickten Mandeln machen nur geringe Beschwerden. Allerdings zeigt sich der Hals äußerlich auffallend voluminös. Ein „richtig platziertes" Hüsteln soll das Imponieren unterstreichen.

- Belladonna D30

  Dieses Homöopathikum folgt gut auf Aconitum, wenn die erste fieberhafte Phase bereits abgeklungen ist oder verpasst wurde. Sowohl die Mundhöhle als auch der Rachen erscheinen auffallend trocken und sind stark gerötet. Der kräftige hohle Husten erscheint stoßweise. Schluckbeschwerden zeigen sich nicht nur bei der Futter-, sondern auch bei der Wasseraufnahme. Der Belladonna-Patient zeigt sich ungewöhnt ängstlich und reagiert empfindlich auf äußerlich einwirkende Reize.

• Hepar sulfuris D12

Das Mittel der Wahl bei einer eitrigen Mandelentzündung. Dieser Patient zeigt deutlich, dass er Schmerzen hat. Er mag zwar gerne zugedeckt, nicht aber hochgehoben werden. Gefressen wird nur sehr zaghaft, kaltes Wasser und Kälte generell werden konsequent abgelehnt.

• Phytolacca D6

Die Mandeln sind stark gerötet, schmerzhaft und geschwollen. Auffallend ist ein häufiges Kopfschütteln, Kauen ohne etwas im Mund zu haben, und viel Speichelfluss. Hüsteln und Würgen sind ständiger Begleiter und auch das Schluckvermögen ist stark eingeschränkt.

• Pulsatilla D12

Bei dieser Tonsillitis wird reichlich dicker, zäher gelber Schleim produziert, der auch etwas süßlich riechen kann. Das Schlucken wird von Würgen begleitet. Der Husten erscheint trocken und krampfhaft.

• Lachesis-Injeel S ® (Firma Heel)

Ein hervorragendes Heilmittel bei einer akuten Angina tonsillitis. Die Ein-Milliliter-Ampullen sind für zwei Anwendungen ausreichend. Man kann sie in einer Spritze gut aufziehen und (ohne Kanüle) direkt ins Mäulchen verabreichen. Angewandt bei akuter Mandelentzündung mit blauroten Tonsillen. Typisch für den Lachesis-Patienten ist ein ständiges Würgen, als ob etwas im Hals stecken würde. Auch auffallend ist das recht problemlose Schlucken fester Nahrung, im Gegensatz zum Schlucken von Flüssigkeit.

• Tonsiotren H Tabletten® (Firma DHU)

Hierbei handelt es sich um ein homöopathisches Komplexmittel. Die Tabletten lassen sich gut pulverisieren und so auf die Mundschleimhäute bringen. Der Einsatzbereich findet sich sowohl bei einer akuten Mandelentzündung als auch bei chronischen Verläufen. Wenn Sie sich bei der Wahl des Einzelmittels unsicher sind, dann helfen der Katze hiervon einmal täglich eine Tablette, auch bei vergrößerten Rachenmandeln.

Propolis Urtinktur kann bei allen Infekten eingesetzt werden, um das Immunsystem zu stärken. (Foto: Aurahs)

• Propolis Urtinktur

Zur unterstützenden Therapie bei allen bakteriellen und viralen Infektionen. Dieses „natürliche Antibiotikum“ hilft bei der Wiederherstellung des Gesundheitszustandes und stärkt das Immunsystem. Da die Lösung nur mit Alkohol versetzt zu bekommen ist, sollten Sie die Arznei unbedingt mit etwas Wasser vermengen. Auf etwa einen Milliliter Wasser fünf Tropfen dieser Urtinktur, zweimal täglich verabreicht, hilft unserer Katze schnell wieder gesund zu werden.

Husten ist schmerzhaft und sehr belastend für eine Katze. Kein Wunder, wenn sie dann gereizt und mürrisch ist. (Foto: Schanz)

Husten

Durch Reize der Schleimhäute der Atemorgane löst der Körper Husten aus und versucht dadurch, einen Reinigungsprozess in Gang zu setzen. Er will sich von jeglichen Fremdkörpern reinigen und produziert dazu auch reichlich Schleim. Diese Absonderungen zeigen nicht nur verschiedene Konsistenzen und Farben, sondern auch daraus resultierende Konsequenzen für die einzelnen Organe. Ein sehr zäher Schleim kann beispielsweise zu erheblichen Atembeschwerden führen. Aber auch das Herz-Kreislauf-System kann belastet werden. Die Qualität des Hustens zeigt eine große Bandbreite und sollte dementsprechend behandelt werden. Neben dem rauen, trockenen, kurzen Husten steht der krampfartige, schmerzhaft quälende. Ein hohler, kräftiger, bellender Husten mit der Produktion von Schleim kann durch einen produktiv feuchten, lockeren abgelöst werden, der das Abklingen dieser Erkrankung anzeigt. Entzünden sich die Schleimhäute der Bronchien, spricht man von einer Bronchitis. Diese kann unbehandelt einen chronischen Verlauf nehmen. Eine genaue Abklärung des Gesundheitszustandes sollte deshalb von einem Fachmann vorgenommen werden. Nach Absprache mit Ihrem Tierarzt oder Tierheilpraktiker können Sie jedoch mit homöopathischen Arzneien sehr gut unterstützend einwirken.

› Behandlung:

- Aconitum D12

  Als Ursache kommt eine durch kalten Wind hervorgerufene Erkältung in Betracht. Der Husten ist trocken und löst ein Gefühl der Enge in der Brustgegend aus, wodurch sich das Tier ängstigt. Der Kehlkopf kann dabei berührungsempfindlich und beim Husten schmerzhaft sein.

- Belladonna D30

  Der kräftige, bellende, hohle Husten verlangt nach diesem Heilmittel. Während des Hustens bewegt unser Patient den ganzen Brustkorb nach vorne und erscheint anschließend sehr erschöpft. Wasser kann nur schwer geschluckt werden. Bei Wärmeeinwirkung verschlechtert sich das Befinden. Die Katze ist wesentlich reizbarer und schreckhafter.

- Bryonia D6

Einsatzgebiet dieses Homöopathikums ist der sehr schmerzhafte, trockene Husten. Dadurch krümmt sich unser Patient regelrecht zusammen, während der Kopf weit nach vorne gestreckt wird. Er tritt eher morgens und in den frühen Vormittagsstunden auf. Da Ruhe Besserung bringt, verlassen diese Katzen auch nur ungern ihr Lager. Sie können richtig ärgerlich werden, wenn man sie von dort vertreiben will.

- Chamomilla D4

Bei diesem trockenen, rauen Husten ist ein ständiger Würgereiz Begleiter. Man merkt dem Tier sein Leiden richtig an. Allerdings sind diese Patienten auch unduldsam gegen Schmerzen, die häufig in keinem Verhältnis zu dem tatsächlichen Leiden stehen.

- Cuprum aceticum D30

Hier handelt es sich um einen krampfartigen, mit Gurgelgeräuschen behafteten Hustenanfall, der unseren Patienten gerne nach Bewegung und psychischer Erregung überkommt. Bei diesem Anfall glaubt unsere Katze ersticken zu müssen. Nach dem Husten ist ein Abgang von zähem, klarem und süßlich riechendem Schleim zu beobachten. Typisch für dieses Arzneimittel ist, dass ein Schluck kaltes Wasser den Husten bessert.

- Hyoscyamus D30

Diese sowieso sehr argwöhnischen, misstrauischen und streitsüchtigen Tiere wollen grundsätzlich ihre Arznei nicht nehmen! Dabei kann dieses Mittel ihnen bei ihrem trockenen, rauen Husten helfen. Dieser wird in der Nacht und im Liegen schlimmer. Die Atmung rasselt und in den Atemwegen sitzt viel Schleim.

- Ipecacuanha D6

Obwohl dieser anfallsartige Husten eher trocken klingt, kann mitunter reichlich Schleim auftreten. Dieser ist weiß und manchmal mit etwas Blut durchzogen. Doch der Auswurf bringt keine Besserung und erschöpft das Tier. Während des Fressens und bei feuchter Wärme ist eine Verschlimmerung des Symptoms zu bemerken.

- Phosphor D12

Ein rauer und trockener Husten, der zumeist aus dem Kehlkopf- oder Bronchienbereich herrührt. Während der Futter- und Wasseraufnahme verstärkt sich dieser Kitzelhusten, aber auch, wenn ein Wechsel von warm zu kalt stattfindet. Der geringe Auswurf ist, falls vorhanden, zäh-schleimig und blutstreifig. Der Husten verschlimmert sich am Abend, in der Zeit von 21 bis 23 Uhr.

- Spongia D6

Ursache für diesen Husten sind meistens Erkrankungen des Rachens oder des Kehlkopfes. Alle Luftwege sind extrem trocken. Während dieses rauen und hohlen Hustens zeigt der Patient teilweise auffällige Atemnot. Überhaupt scheint das Atmen erschwert. Wärme und auch warme Getränke bringen Besserung.

- Tartarus emeticus D12

Hier liegt zumeist eine Entzündung der unteren Luftwege vor. Die Atmung ist deutlich hörbar, stoßweise und betont abdominal (Abdomen: Bauch). Diesen Arzneimitteltyp finden wir häufig bei alten oder erschöpften Tieren. Sie sind zu schwach, um selbst den ganzen Schleim abzuhusten, der sich dann in der Luftröhre ansammelt. Aus Angst zu ersticken legen sich diese Patienten auch nur ungern hin. Leichte Bewegung und kalte, frische Luft bringen Besserung.

Baut eine ältere Katze plötzlich rapide ab, müssen schnellstens die Ursachen abgeklärt werden. (Foto: IPO)

Herz-Kreislauf-Erkrankungen

Bei Katzen kommen Erkrankungen des Herzens oder des Kreislaufes recht selten vor. Falls doch, dann sind es in der Regel ältere Tiere. Wenn Ihre Katze blasse oder bläulich verfärbte Kopfschleimhäute zeigt (zum Beispiel an Maul oder Augen), Schwellungen (Ödeme) an den Beinen oder auch Augenlidern auffallen, Schwindelanfälle oder Kollapsneigung bestehen, müssen Sie dies unbedingt abklären lassen. Eine gesicherte Diagnose und auch die Behandlung sind einem Fachmann vorbehalten. Er kann durch genaue Untersuchungen feststellen, um welche Erkrankung es sich handelt. Ist es eine Herzrhythmusstörung, eine Arteriosklerose (Verkalkung), ein Herzklappenfehler oder eine Herzmuskelschwäche? Handelt es sich um eine Perikarditis (Herzbeutelentzündung) oder gar eine Autoimmunerkrankung? Um eine exakte Diagnose erstellen zu können, empfehle ich Ihnen, einen Kardiologen für Ihre Samtpfote aufzusuchen und mit ihm auch die weitere Therapie zu besprechen. Nach Absprache mit dem behandelnden Therapeuten können Sie dann jedoch selbst etwas zur Unterstützung beitragen.

Wenn flaches Liegen der Katze Beschwerden macht, hilft sie sich mit einer Schonhaltung. (Foto: Schanz)

› Behandlung:

- Arnica D12

  Im Verlauf einer Arteriosklerose zeigt dieses Mittel seine beruhigende Wirkung. Arnica wirkt auf das Gefäßsystem, vor allem auf Venenstauungen und die Kapillaren (kleinste Blutgefäße). Die so beeinflusste Kapillardurchlässigkeit führt zu einer Besserung der Gewebsregeneration. Bei diesen Patienten fällt eine Berührungsempfindlichkeit und starke Ängstlichkeit auf, letzteres wohl auch durch das vorherrschende Beklemmungsgefühl.

- Crategus D1

  Hierbei handelt es sich um den allgemein bekannten Weißdorn. Dieser besitzt eine Digitalis-ähnliche Wirkung auf den Herzmuskel. Ein bewährtes Mittel für ein schwächer werdendes oder bereits bestehendes Altersherz. Auch Herzrhythmusstörungen können hiermit reguliert werden. Ohne Bedenken kann diese Arznei auch über eine längere Zeit zweimal täglich verabreicht werden.

- Convallaria majalis D3

  Für Herzpatienten im fortgeschrittenem Stadium. Da die Beschwerden im Liegen zunehmen, neigen diese Tiere dazu, den Kopf höher zu lagern. Meistens ist im besonderen Maße das rechte Herz beeinträchtigt. Dadurch kommt es zu Stauungen im großen Kreislauf und somit auch in den wichtigen Organen wie Leber und Niere. Den Besitzer können die vielfachen Ödeme (Schwellungen) auffallen, die sich am Unterbauch oder auch an den Beinen festmachen. Durch diese Behinderung wirkt dieses Tier dann etwas schwerfällig. Diese Arznei dreimal täglich verabreicht, sollte unserem Patienten helfen.

- Veratum album D4

Bei einer akuten Kreislaufschwäche helfen einige Tropfen direkt auf die Mundschleimhaut. Ursache für diesen Kollaps können Überanstrengung, Infektionskrankheiten, Darmschwäche oder starker Durchfall sein. Veratum album hilft in dieser Situation schnell und sicher.

Der Verdauungsapparat

Die erste Kontaktaufnahme mit der Nahrung erfolgt über die Geruchssinne. Wenn das Futter für gut befunden wird, gelangt es über das Maul durch die Speiseröhre in den Magen. Der Magen (Ventriculus oder Gaster) besteht aus Magenmund (Kardia), Magenkörper (Korpus), Magengrund (Fundus) und Magenpförtner (Pylorus). Der Magen ist ein Sammelorgan für die ankommende Nahrung. Der in ihm enthaltene Magensaft besteht unter anderem aus Salzsäure aus den Belegzellen und aus dem Magenschleim, der in den Nebenzellen gebildet wird. Neben der Speicherfunktion wird hier die Nahrung an die Körpertemperatur angepasst und die Eiweißverdauung durch Pepsin eingeleitet. Portionsweise wird der Nahrungsbrei dann der weiteren Verdauung zugeführt. Zuerst gelangt der anverdaute Brei in den Zwölffingerdarm (Duodenum). Hier fließen Gallensaft und Enzyme der Bauchspeicheldrüse (Pankreas) mit ein. Nun geht es weiter in den Dünndarm, in dem die zerkleinerte Nahrung durch die Schleimhaut aufgenommen (resorbiert) wird. Durch die Peristaltik (wellenförmige Bewegung) gelangt der Brei weiter in den Dickdarm. Die Eindickung des Darminhaltes geschieht durch die Resorption des Wassers. Nun kann der nichtverdauliche Anteil ausgeschieden werden.

Bei diesem langen und recht komplizierten Weg der Nahrung gibt es eine Menge Angriffspunkte. Neben zu kaltem oder zu heißem Futter oder Wasser können auch gewürzte Speisen unserer Katze Probleme bereiten. Die Nahrung kann verdorben, mit Pilzen oder Keimen behaftet sein. Aber auch versehentlich mit aufgenommene Fremdkörper, beispielsweise Knöpfe oder kleine Kunststoffteile, kommen vor. Als weitere Ursache für Erkrankungen im Verdauungsapparat kommen auch Parasiten, Bakterien, Viren und Allergien in Betracht.

Durchfall (Diarrhö)

Die Diarrhö an sich ist keine eigenständige Krankheit, sondern ein Symptom, das anzeigt, dass im Körper der Katze etwas nicht in Ordnung ist. In den meisten Fällen stellen Durchfallerkrankungen eine Reaktion zur Entgiftung des Körpers dar. Die Ursache kann vielfältig sein, zum Beispiel ernährungsbedingt bei Futtermit-

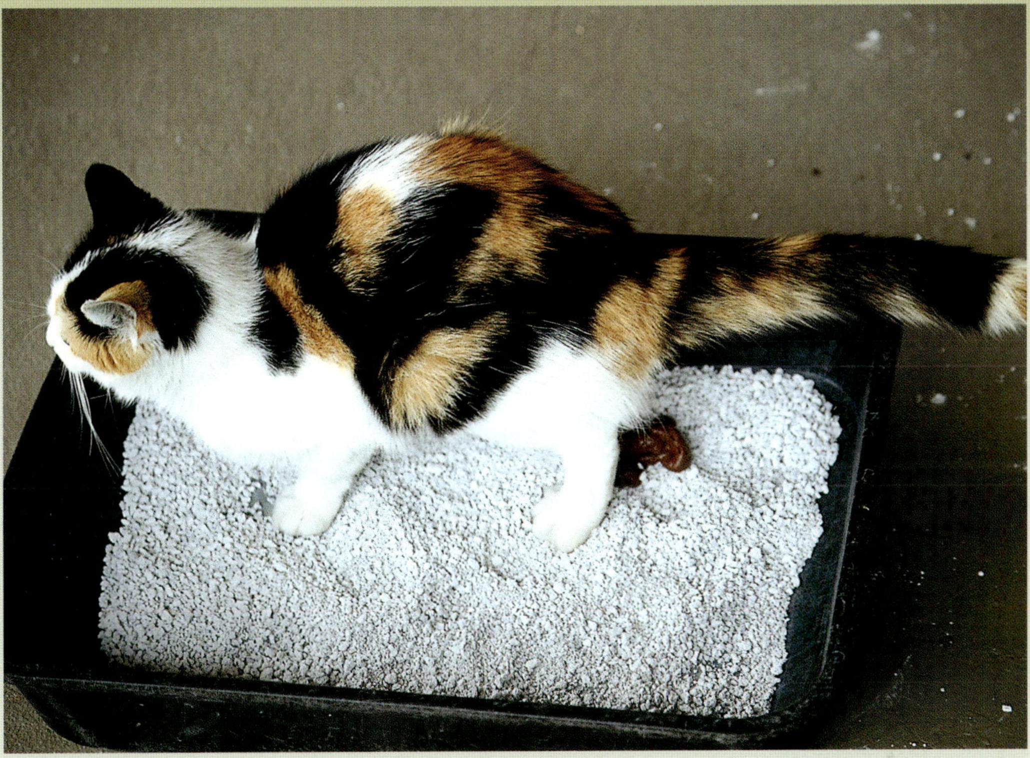

Der Kot sagt sehr viel über die Gesundheit einer Katze aus, deshalb ist er bei einer gesundheitlichen Störung unbedingt zu kontrollieren. (Foto: IPO)

telumstellung, Futtermittelallergie, Überfütterung oder verdorbenes Futter. Auch Bakterien, Viren oder Parasiten kommen als Auslöser in Betracht. Einige Medikamente wie Antibiotika, Zytostatika oder Steroide können zu Durchfall führen. Die Aufnahme von Schwermetallen, Insektiziden oder Giftpflanzen kann ebenfalls dieses Symptom hervorrufen. Erkrankungen der Leber, Niere, Magenschleimhaut oder auch eine akute Bauchspeicheldrüsenentzündung sollten ausgeschlossen werden. Und nicht zuletzt kann auch eine psychologische Ursache zugrunde liegen. In unserer homöopathischen Hausapotheke finden wir jedoch die richtige Arznei.

› Behandlung:

- Aloe D6

  Wenn bei Ihrer Katze der Durchfall unfreiwillig abgeht, ist diese Arznei angezeigt. Der Kot fällt ohne jeglichen Druck beinahe heraus. Er ist gelb, dünn und schleimig. Besonders in den frühen Morgenstunden treten Blähungen und Unbehagen auf, eventuell sogar mit zeitgleichem Kotabsatz. Der Stuhlgang erfolgt direkt nach dem Fressen und kann mit Verstopfungen wechseln.

- Arsenicum album D6

  Bei dieser Arznei tritt der Durchfall häufig nachts auf. Der Kot wird öfter abgesetzt, aber

Wird das Lieblingsfutter verweigert, ist das immer ein Alarmsignal. (Foto: Schanz)

nur in geringen Mengen. Die Katze wirkt danach erschöpft. Der Stuhl riecht nach Aas und kann mit Blut und Schleim durchwoben sein. Dieser Patient trinkt öfter, jedoch nur wenige Schlucke. Durch seine Unruhe und Ängstlichkeit wechselt er des Öfteren seinen Platz. Auch zeigt diese Katze ein großes Verlangen nach Wärme.

- Mercurius solubilis D6

Auffällig bei diesem Patienten ist das vergebliche Drängen nach jeder Entleerung. Das Tier kommt aus dem Katzenklo kaum noch heraus, da es ständig das Gefühl hat, es müsse doch noch etwas kommen. Der Kot ist dabei gelbgrünlich, schleimig und eventuell mit Blut durchzogen.

- Podophyllum D4

Wenn der wässrige, gelbliche Durchfall wie aus einem Rohr herausgeschossen kommt, dann ist dies das Mittel der Wahl. Ursache für diesen Hydrantenstuhl können Entzündungen im Leber-, Gallen-, oder Dünndarmbereich sein. Verschlimmerungen zeigen sich morgens, nach der Futteraufnahme.

- Pulsatilla D6

Bei dieser Diarrhö gleicht kein Stuhlgang dem anderen, jeder sieht anders aus. Mal ist er grün, dann wieder gelb. Mal ist er etwas fester, mal

Lecker, aber ungesund: Nach so einer Fettorgie ist Durchfall vorprogrammiert. (Foto: Schanz)

wässrig. Aber immer ist Schleim zu erkennen! Obwohl das Tier dadurch viel Flüssigkeit verliert, trinkt es auffallend wenig. Die Ursache findet sich meistens in zu fettiger oder kalter Nahrung.

Erbrechen (Vomitus)

Das Erbrechen ist eine Selbstentgiftung des Körpers wie etwa nach dem Grasfressen. Häuft sich jedoch dieses Symptom, sollte unbedingt Ursachenforschung betrieben werden. Verschiedene Erkrankungen von Leber, Niere, Nerven oder dem Magen können Grund für dieses Übel sein. Stellen sich dazu Müdigkeit, Fieber, Appetitverlust, Durchfall, Verstopfung oder Blutspuren im Erbrochenen ein, müssen Sie umgehend einen Tierarzt oder Tierheilpraktiker aufsuchen, sonst können Kreislaufschwäche und Austrocknung dem Tier gefährlich werden. Nutzt unsere Katze das Erbrechen jedoch nur zur Entgiftung, können wir ihr mit der Homöopathie hilfreich zur Seite stehen.

› Behandlung:

- Arsenicum album D6

  Das Erbrechen dauert so lange, bis der komplette Magen leer ist. Das Erbrochene ist mit Galle vermischt, sieht deshalb gelblich aus und erschöpft unseren Patienten. Es kann zum

Diese süße Versuchung hat ihren Preis: Kalte Speisen führen schnell zu Erbrechen. (Foto: Schanz)

Wechsel mit Durchfall kommen und auch saures Aufstoßen ist zu bemerken. Aufgrund eines quälenden Durstes trinkt diese Katze ständig. Allerdings immer nur kleine Schlucke, die anschließend wieder erbrochen werden.

- Calcium carbonicum D30

Hierbei handelt es sich um ein säuerliches Erbrechen von eher cremeartiger Konsistenz. Manchmal ereignet sich dieses Malheur schon während der Futteraufnahme. Das hindert unsere Katze aber nicht daran, munter weiterzufressen. Da dieser Patient Wärme liebt, könnte eine mögliche Ursache zu kaltes Futter gewesen sein.

- Ipecacuanha D6

Bei wiederholtem Erbrechen mit weißem Schaum, unmittelbar nach der Nahrungsaufnahme, findet diese Arznei ihren Einsatz. Das Allgemeinbefinden ist gut bis nur gering gestört. Als Ursache kann eine akute Magenschleimhautentzündung in Betracht kommen.

- Nux vomica D6

Obwohl dieser Katze übel ist, zeigt sie großen Appetit. Allerdings verursacht das Fressen wiederum Übelkeit. Ein bis zwei Stunden nach der Nahrungsaufnahme zeigt unser Patient ein Würgen und Erbrechen von unverdautem Futter. Auch Schleim oder Galle kann ausfindig gemacht werden. Der Durst ist trotz des Erbrechens reduziert. Dieses Tier zeigt sich schlecht gelaunt und mag sich am Leib ungern anfassen lassen.

- Pulsatilla D30

Diese Katze ist ein richtiges Schleckermäulchen. Genascht wird an Süßigkeiten, gerne auch mal vom Speiseeis, und fettige Speisen verschmäht sie ebenfalls nicht. Doch diese Dinge bekommen dem Tier ganz und gar nicht. Weder Kaltes noch Fettiges verkraften die Verdauungsorgane des Pulsatilla-Patienten. So kommt es zu wiederholtem Erbrechen lange nach dem Festschmaus, bis der Magen leer ist. Als Zugabe folgt im Anschluss reichlich weißer Schleim.

Saftigem Katzengras kann kein Stubentiger widerstehen. (Foto: Schanz)

Haarballen

Wenn sich unsere Katze reinigend über das Fell schleckt, ist es nur natürlich, dass dabei auch Haare mit aufgenommen werden. Im Magen formen sie sich zu verfilzten Ballen. Diese werden häufig nach dem Grasfressen erbrochen. Man könnte aber auch sagen, dass extra Gras aufgenommen wird, um diesen Fremdkörper herauszubekommen. Damit nicht zu viele dieser Knöllchen den Darm verstopfen, ist das regelmäßige Bürsten der Katze die beste Vorbeugung. Das Erbrechen dieser Haarballen ist also nicht Aufregendes, trotzdem können Sie etwas zur Unterstützung tun.

› Behandlung:

Etwas Weizen-, Hafer- oder Gerstensamen in einem Blumentopf aussäen. Regelmäßiges Gießen und Sonnenlicht lassen schon bald hervorragendes „Katzengras" sprießen. Nun kann sich das Tier daran gütlich tun. Neben den darin enthaltenen Vitaminen hat die Katze auch die Gelegenheit, jederzeit bei Bedarf daran zu kauen und sich so ihrer Haarballen zu entledigen.

Wenn die Menge jedoch schon zu groß ist und den Darm verstopft, dann schafft etwas Salatöl Abhilfe. Ein ausgewachsenes Tier kann einen guten Esslöffel voll Oliven-, Sonnenblumen- oder anderes gerade zur Hand stehendes Pflanzenöl bekommen. Bei jungen Katzen reicht bereits ein Teelöffel voll. Schon nach einigen Stunden löst sich das Problem so auf natürlichem Wege.

Magenschleimhautentzündung (Gastritis)

Dauern bestimmte Reize über einen längeren Zeitraum an, kann die Magenschleimhaut mit einer Entzündung reagieren. Neben unverträglichen Pflanzen (als Grasersatz) können auch aufgenommenes Spül- oder Blumenwasser eine Ursache sein. Beim Umherstreifen in der Nachbarschaft gelangen eventuell Insektizide oder andere Schadstoffe an das Fell, die beim Putzen aufgenommen werden. Aber auch falsch temperiertes Futter, Parasitenbefall, Allergien oder eine Infektion können eine Gastritis auslösen. Das Tier zeigt dann wechselnde Fresslust, Appetitmangel

Wer durch Gärten und Felder streift, bekommt dabei auch Spuren von Pestiziden oder Dünger ans Fell. (Foto: Pinnekamp)

oder komplett fehlenden Appetit. Ein vermehrtes Speicheln und Mundgeruch fallen auf. Das Trinkverhalten kann reduziert oder erhöht sein. Eventuell kommt Erbrechen von teilweise oder gar nicht verdautem Futter und Schleim vor. Neben Blähungen unterschiedlichster Geruchsintensität kann in Verbindung auch Durchfall auftreten. In diesem Fall würde man von einer Gastroenteritis sprechen. Hält das ganze Geschehen über einen längeren Zeitraum an, treten neben der Abmagerung auch allgemeine Schwäche, Austrocknung und ein struppiges Fell hinzu. Nur ungern wird dieser Patient am Bauch angehoben, was er durch ein deutliches Jammern anzeigt. Er sitzt mit gekrümmtem Rücken, einer Schonhaltung, am liebsten an kühlen Plätzen. Sobald diese wärmer werden, sucht er sich eine neue kühle Ruheecke. Die Magenschleimhautentzündung kann mit oder ohne Erbrechen einhergehen. Auf jeden Fall sind die möglichen Ursache abzuklären, um mit einer entsprechenden Therapie beginnen zu können.

Frei laufende Katzen haben so viel Bewegung, dass ihr ganzer Körper in Trab bleibt. (Foto: Pinnekamp)

› Behandlung:

- Graphites D30

  Bei Anzeichen einer bereits chronischen Gastritis. Die auftretenden Magenschmerzen werden durch die Nahrungsaufnahme besser. Das saure Aufstoßen ist von vermehrtem Speichelfluss begleitet. Dieser riecht nach faulen Eiern und bessert sich ebenfalls nach dem Fressen.

- Nux moschata D6

  Bei dieser Katze treten Fehlgärungen auf. Aus diesem Grund wirkt sie nach dem Fressen aufgebläht. Der weiche Kot wird ebenfalls unter Blähungen abgesetzt und ist eher gering. Heißhunger wechselt mit Appetitlosigkeit. Erbrechen fehlt bei dieser Form der Gastritis.

- Nux vomica D6

  Ist der Magen durch Leckereien oder überdosierte Medikamente überfordert, dann hilft unserer Katze diese Arznei. Erst einige Zeit (etwa ein bis zwei Stunden) nach der Nahrungsaufnahme ist ein Erbrechen zu beobachten. Der Kotabsatz ist nur gering und scheint dem Tier keine Erleichterung zu bringen. Dieser recht übel gelaunte Patient mag nur ungern angefasst werden, was er auch deutlich anzeigt.

- Magnesium carbonicum D30

  Hier kommt es besonders nach Aufregung zu einem kurz anhaltendem Erbrechen, das einen sauren Geruch zeigt und das Tier erschöpft. Dieser Patienten hat viel Durst und Verlangen nach sauren Speisen. So wundert es auch nicht, dass das ganze Kätzchen säuerlich riecht. Bei Bewegung im Freien scheinen sich alle Symptome zu bessern.

Verstopfung (Obstipation)

Die Freigänger unter den Katzen haben eher selten mit diesem Problem zu tun. Vor allem Stadtkatzen, aber auch ältere Samtpfoten leiden unter Verstopfung. Darunter versteht man eine herabgesetzte oder ganz fehlende Darmbewegung. Damit verbunden ist eine verminderte Wasserabgabe in den Darm und somit die Eindickung des Kots. Der Kotabsatz erfolgt, wenn überhaupt, nur in geringen Mengen und unter Schwierigkeiten. Der meist trockene und harte Kot riecht sehr unangenehm und kann von Schleim überzogen sein. Neben der Obstipation kann der Katzenbesitzer bei seinem Tier einen Appetitrückgang feststellen. Auch Bewegungsunlust, Schläfrigkeit, Mattigkeit und Gereiztheit sind zu beobachten. Der Bauch ist hart, schmerzhaft und eventuell aufgebläht. Ein chronischer Bewegungsmangel oder zu ballaststoffarme Ernährung kommen als Ursache in Betracht. Auch Mangel an Trinkwasser, länger anhaltende Fieberzustände sowie Haar- oder Grasballen können schuld sein.

Kommt eine Verstopfung nur gelegentlich vor, lässt sich diese in vielen Fällen mit ein paar Hausmitteln wieder in Ordnung bringen. Etwas Milch, Sahne oder, in hartnäckigeren Fällen, einige Tropfen Olivenöl können Abhilfe schaffen. Auch durch Spiel initiierte Bewegung und kräftiges Bürsten bei der Fellpflege bringen den Darm in Schwung. Leidet Ihr vierbeiniger Freund jedoch schon länger unter Verstopfung, sollten Sie diesem Vorgang ihre volle Aufmerksamkeit schenken. Je nach Symptom und Ursache für dieses Übel erfolgt dann Ihre Therapie.

› Behandlung:

- Bryonia D6

  Der Kotabsatz erfolgt nur unter größten Anstrengungen. Dieser erscheint dann in großen Knollen, ist hart, trocken und schwarz. Der Leib ist aufgetrieben und der Patient vermeidet Bewegung. Eine Untersuchung ist fast nicht möglich und die Katze ist auf Abwehr bedacht.

Verstopfungspatienten suchen immer wieder erfolglos ihr Katzenklo auf und quälen sich. (Foto: Schanz)

- Calcium carbonicum D12

  Wenn der Stuhlgang nur durch die Verabreichung von Milch oder Sahne erfolgt, dann hilft dieses Homöopathikum. Dieser Patient verursacht zum Teil selbst sein Leiden. Das liegt daran, dass er eher zu den gemächlichen, langsamen Zeitgenossen gehört. Es wird gerne und viel gefuttert und geschlafen und Bewegung vermieden.
- Graphites D6

  Auch diese Katze ist träge, schwerfällig und futtert gerne. Allerdings kommen hier noch Ängstlichkeit und Schreckhaftigkeit hinzu.
- Nux vomica D6

  Dieses Mittel brauchen Patienten, die öfter ihr Klo erfolglos aufsuchen und nach langen Versuchen und vergeblichen Drängen nur wenig harten Kot absetzen.
- Sulfur D30

  Hier wechselt sich die Obstipation immer wieder mal mit Durchfallphasen ab, vor allem, wenn sich gerade in der Umwelt des Tieres eine Veränderung ergeben hat, und sei es auch nur ein anderes Futter. Neben reichlich abgehenden Blähungen zeigt sich der knollige, harte Stuhl. Dieser Patient fällt durch seinen fauligen Geruch am ganzen Körper auf.

Würmer

Ein gesunder Organismus besitzt genügend Abwehrkräfte, sodass ein Parasitenbefall uns auch eine geschwächte Konstitution unseres Schützlings anzeigt. Ein geringer Befall mit Würmern und einzelligen Protozoen (Urtierchen) lässt meist keine Krankheitsanzeichen erkennen. Aus diesem Grund wird es selten erkannt, außer im Rahmen eines Zufallsbefundes. Ein stärkerer Befall bringt nicht nur deutliche Symptome hervor, sondern zehrt auch an der ohnehin schon dekadenten Konstitution. Läuft dieser Prozess über einen längeren Zeitraum, wird die Katze gegenüber anderen Krankheiten anfälliger. Auch ein massiver Parasitenbefall überfordert das Abwehrsystem und benötigt unsere Hilfe. Ein Befall mit den Endoparasiten Protozoen, Trematoden, Zestoden und Nematoden ist möglich. Die genaue Gattung ist durch eine mikroskopische Kotuntersuchung feststellbar. Ausgeschieden werden Eier, Larven oder Glieder, seltener erwachsene Würmer. Bei massivem Befall zeigt unsere Katze Appetitmangel oder auch Heißhunger. Die Abmagerung besteht zumeist mit einem aufgetriebenen Bauch. Das Fellkleid ist glanzlos, stumpf und struppig. Es treten Verdauungsstörungen auf, wie zum Beispiel chronischer Durchfall, oder gar Erbrechen ganzer Wurmknäuel. Bei jungen Katzen finden wir die Spulwürmer. Diese werden vier bis sechs Zentimeter lang und siedeln sich im Dünndarm an. Ihre Larven wandern über die Leber und Lunge wieder in den Darm, um sich dort weiter zu vermehren. Ein aufgetriebener Bauch und blasse Schleimhäute können auf einen Befall mit Spulwürmern hinweisen. Erst recht, wenn diese sogar erbrochen werden.

Ältere Katzen werden gegen diese Parasiten immun. Dafür sind sie für Bandwürmer empfänglicher. Diese sind im Fell in der Aftergegend oder auf dem Kot erkennbar: nudelförmig aussehende, platte, reife Bandwurmglieder. Anfänglich sind sie noch beweglich, trocknen aber ein und sehen dann wie kleine Reiskörner aus. Die Übertragung erfolgt über einen Zwischenwirt wie

Katzenbabys werden schon über die Muttermilch mit Spulwürmern infiziert. (Foto: IPO)

Floh, Maus, Ratte. Abmagerung trotz guten Appetits, Durchfall, mit dem Hinterteil über den Boden rutschen sowie Belecken des Afters können auf einen Befall mit Bandwürmern hinweisen.

Ebenfalls im Dünndarm angesiedelt sind die Hakenwürmer. Sie haken sich in die Darmwand ein und saugen genüsslich das Blut ihres Wirtes, während dieser allmählich blutarm und schwach wird. Zeitweise können Blut im Kot oder blutige Diarrhöe beobachtet werden.

Nun mag man denken, dass regelmäßig verabreichte Wurmkuren solche Probleme gar nicht erst aufkommen lassen. Leider weit gefehlt! Selbst wenn Sie gerade erst mit der Chemiekeule zugeschlagen haben, kann Ihre Katze schnell wieder zum Opfer dieser Parasiten werden. Wenn mehrere Katzen in einem Haushalt leben, müssten Sie nach jedem Toilettengang unverzüglich auch den kleinsten Kot- und Urinabsatz entfernen. Dasselbe Tier oder die nachfolgende Katze kann sich sonst wieder damit infizieren. Freigänger können sich durch ihre Beute oder Schnuppern an den Hinterlassenschaften anderer Zeitgenossen erneut anstecken. Die einzig sinnvolle Vorbeugung ist eine artgerechte Haltung und regelmäßige Kotuntersuchung. Wenn sich dann ein Wurmbefall herausstellt, können Sie handeln.

› Behandlung:

- Abrotanum D3
  Dieses Mittel wird für insgesamt sieben Tage dreimal täglich verabreicht, um die Spulwürmer zu vertreiben.
- Acidum phosphoricum D6
  Dreimal am Tag für einen Zeitraum von sieben Tagen wird diese Arznei bei einem Befall mit Kokzidien verordnet.
- Carduus marianus D4
  Wenn sich der Hakenwurm eingenistet hat, dreimal täglich eine Dosis für einen Zeitraum von zehn Tagen.
- Cina D4
  Sollte für sieben Tage dreimal am Tag gegen den Bandwurm verordnet werden.
- Calcium carbonicum D200
  Zur abschließenden Behandlung wird dieses

Katzen, die Mäuse jagen sind vor allem anfällig für Würmer. (Foto: IPO)

Eine gesunde Katze kann mit ihren Pfoten blitzschnell zugreifen (Foto: Pinnekamp)

Homöopathikum einmalig verabreicht.

- Contra Wurm® für Katzen (Firma cdVet®)
Ebenfalls eine natürliche Alternative zu den schulmedizinischen Wurmkuren, die aus Kräutern und Gemüseextrakten besteht. Die Verabreichung erfolgt über das Futter.

Der Bewegungsapparat

Die Pfoten einer Katze sind nach dem Gebiss das wichtigste Jagdwerkzeug. Sie sind nicht nur Lauf-, sondern auch Greifwerkzeug. Es können kleinere Beutetiere aus Löchern herausgeangelt oder schwer erreichbare Futterbrocken ergriffen und zum Mund geführt werden. Sie eignen sich zum Klettern, Schleichen und auch Ohrfeigenausteilen. Mit ihrer Hinterpfote kann sich die Katze fest im Boden verankern, während sie mit der Vorderpranke zuschlägt. Eine weitere Besonderheit der Katzengliedmaßen ist die Fähigkeit, die Polster ihrer Zehen und Ballen zueinander zu drehen.

Bei Erkrankungen im Bewegungsapparat können unterschiedliche Ursachen zugrunde liegen: Stoffwechselstörungen, Infektionen, Überbeanspruchung, Degeneration, Erbdefekte oder auch Unfälle. Nachdem die Ursache abgeklärt wurde, kann mit der individuellen Therapie begonnen werden.

Arthritis

Hierbei handelt es sich um einen entzündlichen Prozess der Gelenke. Als aktuell auslösende Ursache kommen unterschiedliche Möglichkeiten in Betracht: Prellung, Zerrung, Verrenkung, Quetschung oder Verstauchung. Auch Infektionen, Allergien oder Insektenstiche sollten geprüft werden. Das betroffene Gelenk zeigt eine mehr oder weniger ausgeprägte Schwellung. Im akuten Geschehen kann es auch zu Wärmeausstrahlung neigen. In den meisten Fällen wird aufgrund einer Schmerzempfindlichkeit das erkrankte Gelenk kaum oder gar nicht bewegt. Zu beobachten sind Lahmheiten unterschiedlichen Grades, die länger andauernd zu einem Rückgang der Muskulatur führen können. Häufig ist nur ein Gelenk betroffen. Allerdings kann eine allgemeine Infektion zu einer Polyarthritis führen, bei der mehrere Gelenke angegriffen sind. In beiden Fällen verschlimmert Wärme den Schmerz.

› Behandlung:

- Arnica D30

Ist in akuten Fällen als bewährtes Verletzungsmittel bekannt. Es nimmt die Schmerzen, wirkt der Entzündung entgegen und leitet so eine schnelle Wiederherstellung ein.

- Apis D6

Steht die Arthritis mit Insektenstichen, Allergien oder Überdosierung bestimmter Medikamente im Zusammenhang, bringt diese Arznei Linderung. Das betroffene Gelenk ist gespannt und heiß. Kälteanwendungen und kühle frische Luft mag dieser Patient gerne. Obwohl phasenweise Fieber vorherrscht, trinkt das unruhige Tier kaum.

- Belladonna D30

Angebracht, wenn Kälte und Berührung den Zustand verschlimmern. Das Gelenk ist auffallend heiß und gerötet. Meistens ist eine Allgemeininfektion die Ursache.

- BryoniaD6

Infolge einer Überbeanspruchung zeigt sich das erkrankte Gelenk leicht geschwollen. Diese Katze möchte in Ruhe gelassen werden und bewegt sich nur ungern. Bei einer akuten Arthritis bringt diese Arznei, zusammen mit Rhus toxicodendron D12, schnelle Erleichterung. Bei einer chronischen Form sollten beide Homöopathika in der D30 einmal täglich über einen längeren Zeitraum verabreicht werden.

- Hepar sulfuris D12

In Kombination mit Echinacea D6 bei eitriger Arthritis einsetzbar. Eine erhebliche Störung des Allgemeinbefindens ist zu beobachten. Das betroffene Gelenk ist extrem schmerzhaft und druckempfindlich. Kälte verschlimmert diesen Zustand.

- Rhus toxicondendron D6

  Wenn die Arthritis Folge eines traumatischen Ereignisses ist, zum Beispiel Zerrung oder Prellung. Aber auch feuchte Kälte kommt als Auslöser in Betracht. Bei Beginn der Bewegung und nasser Kälte ist der Zustand schlechter (siehe auch unter Bryonia).

Arthrose

Arthritis und Arthrose haben ähnliche Krankheitsbilder. Arthrose bezeichnet die Verschleißerscheinung bestimmter Gelenke. Bei Katzen sind am ehesten die Wirbelsäule, gefolgt von Knie-, Ellenbogen-, Schulter- oder Hüftgelenk betroffen. Nur ganz selten ist es das Sprunggelenk. Als Ursache für diese Krankheit kommen ständige Überbeanspruchung, traumatische Ereignisse oder Ernährungsstörungen in Betracht. Aber auch eine erbliche Disposition ist möglich. Die Symptome umfassen unterschiedlich ausgeprägte Lahmheiten und Bewegungseinschränkungen. Vor einer Behandlung sollte eine fachkundige Untersuchung und Diagnose erfolgen. Um es gleich vorwegzunehmen. Heilbar ist eine degenerative Gelenkerkrankung nicht! Vielmehr wird man versuchen, die Schmerzen zu lindern. Der fortschreitende degenerative Prozess soll in ein akutes Geschehen gelenkt und somit eine Ausheilung dessen erreicht werden. Auch physiotherapeutische Maßnahmen und der Einsatz von Magnetfeldtherapie können hier unterstützend Einsatz finden.

› Behandlung:

- Harpagophytum D6

  Diese Arznei ist so manchem unter der Bezeichnung „Teufelskralle“ vertraut. Sie hat eine hohe Affinität zu den großen Gelenken (zum Beispiel Hüft- und Schultergelenk). Die von Schmerzen geplagten Gelenke werden durch dieses Mittel in sehr kurzer Zeit wieder schmerzfrei. Der weiteren Degeneration der Gelenkknorpel wird entgegengewirkt und die Gelenkflüssigkeit von Entzündungsstoffen befreit. Somit wird die schmerzhafte Reibung deutlich herabgesetzt.

Schmerzen in den Gelenken zeigen sich in langsamem, steifem Gang. (Foto: Pinnekamp)

- Pulsatilla D30

  Angebracht bei einem Patienten, bei dem nicht nur der Ruheplatz sehr häufig wechselt, sondern auch die Lokalisation der Beschwerden. Die Gelenke wirken steif, aber mäßig fortgesetzte Bewegung bessert diesen Zustand. Bei zu lang anhaltender Bewegung ist eine Verschlechterung zu beobachten. Frische, kühle Luft bringt Besserung.

Klettertouren in Bäumen können auch für Katzen mit einem Absturz enden. (Foto: Pinnekamp)

- Rhus toxicondendron D12
  Wenn sich das Krankheitsbild in Ruhe oder bei nasskaltem Wetter verschlimmert, kommt dieses Mittel zum Einsatz. Einige Schritte zum Einlaufen und Wärmeanwendungen bessern die Beschwerden.

Knochenbruch (Fraktur)

Knochenbrüche werden in Längs-, Schräg-, Quer-, Spiral- und Splitterbrüche unterschieden. Dabei können die Knochenhaut, Sehnen, Bänder und dergleichen mit verletzt sein. Die Beurteilung und Behandlung ist auf jeden Fall einem Tierarzt vorbehalten! Er entscheidet über die Behandlungsform wie Gipsverband, Schiene, Nagelung und so weiter. Allerdings können Sie selbst mit homöopathischen Mitteln unterstützend einwirken.

› Behandlung:

- Arnica D6
  Für die ersten Stunden nach einem Trauma. Die Wirkung dieser Arznei erstreckt sich über schmerzstillend und entzündungshemmend bis abschwellend. Sie kann Blutungen zum Stillstand bringen oder bereits bestehende Blutergüsse abbauen.

- Calcium carbonicum D12
  Im täglichen Wechsel mit Symphytum D4 hilfreich bei Heilungsstörungen der Fraktur. Unterstützt die Neubildung des Knochens.
- Ruta D6
  Dieses Homöopathikum folgt auf oder ergänzt sich gut mit Arnica. Unsere Wahl, wenn die Verletzung tiefgreifend ist und auch Sehnen und Knochenhaut geschädigt wurden.

Verrenkung (Luxation)

Dieses Trauma bezeichnet ein Auseinanderweichen der Gelenkflächen und Zerreißen von Muskeln, Sehnen, Gefäßen oder gar Absprengungen von Knochensplittern. Neben einer hochgradigen Lahmheit sind Form- und Lageveränderung des Gelenks bis hin zum Abstehen der Extremität mit sehr heftigen Schmerzen deutliche Signale, umgehend den Tierarzt aufzusuchen. Er wird, unter Narkose, eine Einrenkung vornehmen. Eile ist geboten, da nur bei frischen Luxationen Komplikationen auszuschließen sind. Nach diesem Eingriff ist der Katze natürlich Ruhe zu verordnen.

› Behandlung:
- Arnica D30
  Um die Schmerzen zu nehmen und eine schnelle Genesung einzuleiten, sollte diese Arznei für mindestens drei Tage verabreicht werden.

Verstauchung (Distorsion)

Eine Verstauchung bezeichnet ein vorübergehendes Auseinanderweichen von Gelenkflächen, Zerrung der Gelenkbänder oder deren teilweise Zerreißung. Erkennbar durch eine plötzlich auftretende Lahmheit und eventuelle Schwellung des Gelenks.

› Behandlung:
- Arnica D30
  Sollte viermal täglich im Wechsel mit Rhus toxicondendron D30 verabreicht werden. Neben dem Schmerz und Bluterguss wird auch gleichzeitig die Bänderzerrung behandelt.

Die Geschlechtsorgane

Eine erste große Einteilung erfolgt in männliche und weibliche Geschlechtsorgane, die der Fortpflanzung und somit Arterhaltung dienen. Neben den äußerlich sichtbaren Genitalien wie den Hoden finden sich die inneren Fortpflanzungsorgane, zum Beispiel die Gebärmutter. Die möglichen Erkrankungen nehmen eine große Bandbreite ein und variieren von kleineren bis hin zu schwer wiegenden Krankheitsformen. Grundsätzlich sollte eine exakte Diagnosestellung und Behandlungseinleitung einem Fachmann überlassen bleiben. In Absprache mit Ihrem Therapeuten oder Tierarzt können Sie dann eine zusätzliche, unterstützende Therapie einleiten. Hier werden solche Therapien vorgestellt, aber bitte im Zweifelsfall immer einen Therapeuten hinzuziehen!

Hodenhochstand (Kryptorchismus)

Zum Zeitpunkt der Geburt sollten beide Hoden des Katers aus dem Bauchraum in den Hodensack hinabgestiegen sein. Eine Verhinderung oder Verzögerung dessen kann seine Ursache in genetischen Defekten, traumatischen Erlebnissen des Elternpaares beziehungsweise Verhaltensstörungen oder ungünstigen Umweltbedingungen

Die Hoden eines gesunden Katers sitzen als kleine pralle Bälle zwischen seinen Hinterbeinen. (Foto: Schanz)

haben. Sollte der Hoden in der Bauchhöhle verharren, kann es im Alter eventuell zu einer tumorösen Degeneration kommen. Je nach Lokalisation und Ausmaß spricht man dann von einem unvollständigen, vollständigen, ein- oder beidseitigen Kryptorchismus. Dem Liebesleben eines solchen Katers tut dies keinen Abbruch. Allerdings können sich mitunter aggressive Kräfte im Verhalten ausprägen.

› Behandlung:

- Barium carbonicum D200

  Dieses Mittel, vierzehntägig verabreicht, fördert grundsätzlich den Abstieg der Hoden. Die Kombination mit Magnesium carbonicum D30, das alle zwei Tage für die gleiche Anwendungszeit verordnet wird, unterstützt dieses Vorhaben zusätzlich. Verabreichen können Sie diese Arzneien ab Diagnosefeststellung.

Scheidenentzündung (Vaginitis)

Als Ursache kommen Verletzungen, Infektionen, übergreifende Erkrankungen der Harnorgane, Erkältungen, Hormonstörungen, Allergien oder auch Vergiftungen infrage. Eine Scheidenentzündung kann manchmal auch auf die Harnröhre und Blase übergreifen und so die Gebärmutter erreichen.

Die Vaginitis ist meistens von einem schleimigen bis eitrig-schleimigen Ausfluss begleitet. Die geschwollenen Schamlippen werden von der Kätzin häufig beleckt. Das Allgemeinbefinden ist nur selten beeinträchtigt, außer im Falle einer infektiösen Allgemeinerkrankung. Neben Zyklusstörungen wirkt ein chronischer Katarrh auch empfängnisverhütend, da das Scheidenmilieu spermafeindlich verändert ist. Handelt es sich um eine allergisch bedingte Vaginitis, kommt heftiger Juckreiz hinzu. Ein unaufhörliches Belecken des Scheidenbereiches und Rutschen mit dem Hinterteil am Boden sind dann zu beobachten.

› Behandlung:

- Cantharis D6

  Bei akuter Scheidenentzündung mit scharf riechenden Absonderungen. Neben Unruhe und Zittern kann auch ein ängstliches und nervös reizbares Verhalten beobachtet werden.

- Echinacea D6

  Zur generellen Anregung des Immunsystems und Umstimmung als Basisarznei zu dosieren.

Durch Lecken versucht die Katze vergeblich, sich selbst zu helfen. (Foto: Schanz)

Statt der gewohnten Lieblingsplätze werden versteckte Ruheplätze gesucht und immer wieder gewechselt. (Foto: IPO)

Die Harnwegsorgane

Der Harnapparat umfasst die beiden Nieren als Ausscheidungsorgan sowie die sammelnden und ableitenden Harnwege, bestehend aus Nierenbecken, Harnleiter, Harnblase und Harnröhre. Die Harnröhre ist bei der Katze kurz, beim Kater hingegen lang und eng. Der Harn selbst besteht aus einer Zusammensetzung ausscheidungs- und harnpflichtiger Substanzen. Die paarig angeordneten Nieren liegen beiderseits der Wirbelsäule in der Lendenregion. Sie sind in einer Fettkapsel eingebettet. Dies soll sie vor Kälte und Verletzung schützen. Die Nieren sind ein empfindliches Filterorgan, durch das das Blut mit allen Bestandteilen hindurchfließt. In den Nierenbecken wird der so genannte Endharn gesammelt. Durch einen gewissen Flüssigkeitsdruck wird der Harn in die Harnleiter und anschließend, durch Kontraktion, in die Harnblase entlassen. Die Harnblase ist ein dehnbares Sammelbecken für den Harn. Entsteht ein gewisser Druck, wird der Urin gewollt abgesetzt. Bei unserer Katze erfolgt dies etwa fünf- bis zehnmal am Tag. Wird unser Schützling jedoch, aus welchen Gründen auch immer, ständig an der Entleerung gehindert, kann das zu Komplikationen führen.

Als Ursachen für Erkrankungen der Harnorgane kommen viele Möglichkeiten in Betracht. Zu erwähnen sind Erkältungen durch nasses Wetter und Infektionen. Falsche Ernährung, zum Beispiel zu proteinhaltig, Allergien und giftige Substanzen können sich ebenfalls schädigend auswirken. Aber auch Erkrankungen anderer Organe sollten abgeklärt werden.

Blasenentzündung (Zystitis)

Für diese Erkrankung sind vorzugsweise weibliche Katzen prädestiniert, allerdings hat es auch schon den einen oder anderen Kater erwischt. Die kurze Harnröhre der Kätzin ist besonders geeignet für aufsteigende Infektionen, doch kann diese Entzündung auch von der Niere zur Blase hin absteigend erfolgen. Die akute Zystitis zeigt sich typisch durch einen herabgesetzten oder ganz ausbleibenden Urinabsatz. Urin kann nur noch tropfenweise und unter großen Schmerzen abgehen. Fieber und vorübergehender Appetitmangel können beobachtet werden. Unter stetig zunehmender Unruhe suchen diese Tiere versteckte Ruheplätze. Der Urin selbst ist schleimig, trüb und kann auch Blut aufweisen. Nicht selten schließt sich nach dieser Akutphase eine chronische Zystitis an. Die Symptome sind bei diesem Verlauf nicht deutlich wahrnehmbar. Allerdings können äußere Reize sie immer wieder aufflackern lassen. Eine akute Zystitis sollte also umgehend behandelt werden, um einen chronischen Verlauf und Aufsteigen in die Nierenbecken zu vermeiden.

› Behandlung:

- Aconitum D30
  Wenn es sich um eine „stürmisch" verlaufende Blasenentzündung handelt, dann ist der Sturmhut das Mittel der Wahl. Ursache für die Erkrankung sind bevorzugt Erkältungen durch kalten Wind.
- Belladonna D30
  Wenn dem Urin Blut beigemengt ist und er meistens unter Druck weggespritzt wird, dann hilft die Tollkirsche unserem Patienten.
- Berberis D3
  Angezeigt, wenn der Harn ständig sein Aussehen wechselt. Mal ist er dunkel, dann wieder hell. Typisch ist eine Überladung von Harnsäure, aber auch der pH-Wert und Protein sind erhöht. Dies lässt sich natürlich nur durch einen Teststreifen feststellen. Dem Tierhalter dürfte jedoch auffallen, dass sein Schützling vor und nach dem Urinieren Schmerzen hat.
- Cantharis D6
  Eine bewährte Arznei bei einer schmerzhaften Blasenentzündung. Diese geht einher mit Harnverhalten und Blasenzwang. Der Urin wird nur tropfenweise abgesetzt und kann auch etwas Blut enthalten.
- Capsicum D6
  Angezeigt bei diesem Krankheitsbild: Der Patient zeigt eine massive Beunruhigung. Ständig läuft er kreuz und quer in der Gegend herum und kann einfach keine Ruhe finden. Der brennende Schmerz beim Harnabsatz ist wirklich extrem. Die Tiere stöhnen vor dem Urinieren und die Bauchdecke ist verspannt.
- Dulcamara D6
  Angezeigt bei einer Zystitis mit Blasenschwäche. Der Harnablass ist schmerzhaft und der Urin trübe, weißlich, mit weiß-gelbem Sediment. Ursache für diese Blasenentzündung ist eine Erkältung aufgrund nasser Kälte.
- Lycopodium D30
  Patienten, die dieses Mittel brauchen, trinken sehr wenig, wodurch die Nieren und harnableitenden Organe überfordert sind. Der Urin wird ohne Druck abgesetzt, wodurch dieser Patient dafür länger als normal benötigt und manchmal sogar aufschreien kann. Der Harn ist dunkel, konzentriert und sedimentreich.
- Solidago compositum S® (Firma Heel)
  Dieses homöopathische Komplexmittel eignet sich nicht nur zur Anregung der körpereigenen Abwehrkräfte. Es umfasst ein Anwendungsgebiet akuter und chronischer Erkrankungen der Nieren und Harnwege, wie zum Beispiel der Zystitis. Bei akuten Beschwerden sollte einmal täglich eine halbe Ampulle verabreicht werden, bei chronischen Verläufen ein- bis zweimal pro Woche.

Nierenentzündung (Nephritis)

Eine plötzlich auftretende Nierenentzündung kommt bei Katzen sehr selten vor. Sollte sie aber dennoch einmal eintreten, ist es gut, diese auch zu erkennen. Zu nennen wäre da einmal der vielfach gesteigerte Durst. Dadurch bedingt kann es zu einem vermehrten Harnabsatz kommen. Dann muss abgeklärt werden, ob es sich um eine chro-

Ein deutliches Symptom für mögliche Nierenprobleme ist ständiges Trinken. (Foto: Pinnekamp)

nische Nierenentzündung, Insuffizienz oder gar Nierenschrumpfung handelt. Auslöser für verringerten oder ausbleibenden Harnabsatz kann neben einer akuten Blasen- oder Nierenentzündung auch eine Verlegung oder eine Blockierung der Harnwege sein, zum Beispiel durch Steine. Eine Veränderung des Urins in Farbe, Geruch und auch Konsistenz ist zu beobachten. Es kann zu Beimengungen von Schleim, Eiter oder auch Blut kommen. Sollte die Erkrankung sehr schmerzhaft sein oder mit Fieber einhergehen, können Sie einen verringerten Appetit bei Ihrer Katze bemerken. Leidet sie Schmerzen, wird sie Ihnen dies möglicherweise durch einen hochgezogenen und gekrümmten Rücken deutlich machen.

Bei chronischen Verläufen zeigt sich dann die Haut trocken, das Fell wird glanzlos und struppig und die Haare brüchig. Bei einer genauen Beobachtung unseres vierbeinigen Freundes sollte es allerdings gar nicht erst so weit kommen. Zu erwähnen ist auch noch, dass Patienten, die sich mit einer akuten Entzündung tragen, bevorzugt warme Plätze aufsuchen. Daraus resultiert auch eine hohe Toleranz gegenüber Wärmeanwendungen, wie zum Beispiel Rotlicht. Für den Laien ist die Nephritis nicht unmittelbar von anderen möglichen Erkrankungen zu unterscheiden. Häufig kann eine genaue Diagnosestellung erst nach einer eingehenden Untersuchung sichergestellt werden. Somit gehört auch die Behandlung in fachkundige Hände. Nach Absprache können Sie diese aber unterstützen.

› Behandlung:

- Arsenicum album D6

  Auffällig bei diesem Patienten sind eine rapide Abmagerung und Kräfteverlust. Neben einer trockenen Haut kann man auch kleine Schuppen entdecken. Das Gesicht dieses Tieres ist eingefallen und es wirkt hohläugig. Ängstlichkeit und Unruhe sind zu bemerken. Der Ruheplatz wird oft gewechselt und Wärme bevorzugt. Es wird wenig Trinkwasser aufgenommen, dies aber öfter. Der Kotabsatz riecht deutlich nach Aas. Der Urin enthält neben Eiweiß auch Blut, Eiter und Schleimfetzen. Ein reichlicher Harndrang kann besonders nachts auffallen. Allerdings kommt Harn nur spärlich.

- Mercurius solubilis D6

  Dieser Patient kann neben der Unruhe auch eine gereizte Aggressivität zeigen. Er mag es weder kalt noch warm und ist eher in der lauen Mitte

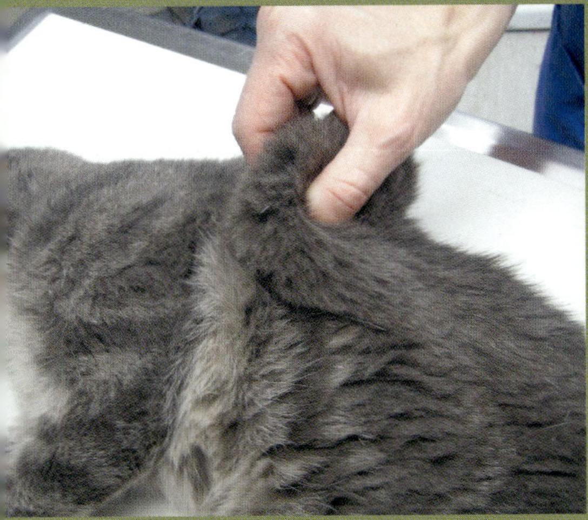

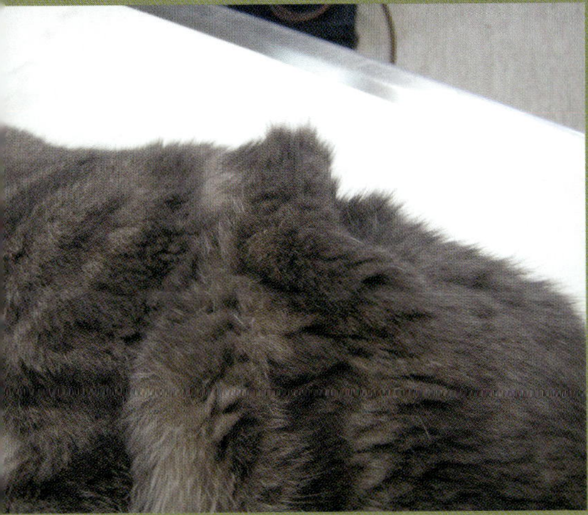

Ein einfacher Test zeigt an, ob eine Katze zu wenig Flüssigkeit aufnimmt: Eine Fellfalte im Nacken wird gegriffen, gedreht und losgelassen. Glättet sich das Fell nicht sofort wieder, ist die Katze ausgetrocknet. (Fotos: Fries)

angesiedelt. Der Urin ist schmutzig, trüb und stinkt. Neben Eiweiß kann auch Blut vermischt sein. Harndrang und Harnzwang kann beobachtet werden. In der Nierengegend ist dieses Tier empfindlich und zeigt Schmerzen an. Offensichtlich wird mehr Urin abgesetzt als Flüssigkeit aufgenommen wird.

Steinbildung (Harnröhrengrieß)

Bestimmten Konstitutionstypen scheint die Neigung zur Ausbildung von Blasengrieß und -steinen vorbehalten zu sein. Bei kastrierten Katern und einigen Rassekatzen (zum Beispiel Perser) scheint eine auffällige Häufung dieses Phänomens vorzuherrschen. Je nach Milieubedingung kann es zu Grieß oder Steinen von beachtlicher Größe kommen. Daraus kann sich durch die ständige Reizung der Blasenschleimhaut eine Zystitis entwickeln. Aufgrund der anatomischen Besonderheit bei Katern kann, im schlimmsten Fall, ein Stein wandern und in der Harnröhre stecken bleiben. Dies ist für das Tier sehr schmerzhaft und kann zu Krämpfen, Harnstau und weiteren nicht zu unterschätzenden Komplikationen führen. Zu Beginn sind die betroffenen Katzen unruhig und ängstlich. Sie miauen viel, schlagen mit dem Schwanz und mögen sich nicht hinlegen. Der Leib wird nach oben gekrümmt und Berührungen des Bauches sind schmerzhaft. Hält dieser Zustand über einen längeren Zeitraum an, folgt eine Harnvergiftung mit Erbrechen. Im schlimmsten Fall kann es zu einem Zerreißen der Harnblase kommen oder gar zu einem Nierenversagen. In dieser Situation stirbt das Tier nach wenigen Tagen. Sie sehen, auch hier muss unbedingt ein Fachmann konsultiert werden. Nach der eingehenden Untersuchung und Diagnosestellung können Sie dann mit der homöopathischen Hausapotheke eingreifen.

› Behandlung:

Es soll versucht werden, dem Patienten so viel Flüssigkeit wie möglich zuzuführen. Eine spezielle Futterdiät wird nach Empfehlung des behandelnden Therapeuten eingeleitet.

Wird die Katze unruhig, will sich nicht mehr anfassen lassen, schreit sie, sollte sie so schnell wie möglich zum Tierarzt gebracht werden. (Foto: Schanz)

- Berberis D4
  Sollte zusammen mit Cantharis D6 und Rubia tinctorum D1 verabreicht werden. Diese Kombination ist wie ein „homöopathischer Katheter“ und hilft der verlegten Harnröhre.
- Lycopodium D30
  Handelt es sich um eine leicht auflösbare Ansammlung von Harnsediment, und das ist meistens der Fall, dann hilft eine einzige Dosis dieser Arznei. Im Anschluss stündlich eine Gabe Berberis D4 sollte das Problem erfolgreich beheben.
- Sabal serrulatum D3
  Bei den ersten Anzeichen sollte stündlich eine Dosis verabreicht werden, bis der Urin wieder abgesetzt werden kann. Wie lange dies dauert, hängt von der Steingröße ab, die wir so natürlich nicht beurteilen können. In den meisten Fällen ist jedoch bereits nach einer Stunde die Harnverhaltung geklärt.

Haut und Haar

Die Haut übernimmt eine großflächige Schutzfunktion gegenüber der Außenwelt. Sie wehrt viele Krankheitserreger ab, reguliert Wärme- und Kältereize und schützt den Körper in gewisser Weise vor Verletzungen. Auf der anderen Seite ist die Haut, neben Leber, Nieren, Bronchien und Darm, ein Ausscheidungsorgan, über das sich der Organismus bei Bedarf zusätzlich entgiften kann. Das Haarkleid unterstützt die Schutzfunktion der Haut. Zudem wird hier eine Regulation der Wärme- und des Gasaustausches vorgenommen. Das Fell einer gesunden Katze glänzt in kräftigen Farben und besitzt einen individuell angenehmen Geruch. Bei der Fellpflege geht eine überschaubare Menge von Haaren aus. Die Gewebsspannung der Haut (Tonus) ist straff. Das bedeutet, dass eine aufgezogene Hautfalte elastisch wieder zurückschnellt. Die Berührung der Haut wird toleriert und ist für das Tier nicht schmerzhaft. Doch leider ist nicht jeder Katze dieser Normalzustand vergönnt. Durch Ektoparasiten, wie Flöhe, Zecken und Milben, äußerliche Verletzungen, Stoffwechselstörungen oder Überlastung der inneren Ausscheidungsorgane wie Leber und Nieren kann dieses Bild getrübt werden. Auch bakterielle Hauterkrankungen, Allergien, Mangelerscheinungen oder Hormonstörungen können Probleme bereiten. Nicht immer sind die Ursachen klar voneinander abzugrenzen. So bedarf es in manchem Fall neben einer aufmerksamen Beobachtung auch einer langwierigen Behandlung.

Abszesse

Hierbei handelt es sich um abgeschlossene Hohlräume, in denen sich durch Gewebszerstörung

Kraulen ist bestens geeignet für eine Gesundheitskontrolle, denn Veränderungen in der Haut einer Katze sind viel eher zu fühlen als zu sehen. (Foto: IPO)

eine Eiteransammlung gebildet hat. Zu finden sind alle Zeichen einer Entzündung: Rötung, Schwellung, Hitze und Schmerz. Dringen die Erreger des Abszesses in den Organismus ein, kann es zusätzlich zu Appetitlosigkeit, Abgeschlagenheit, Fieber und letztendlich zu einer Blutvergiftung kommen.

Sollte der Abszess nach drei bis vier Tagen nicht zum Reifen gekommen sein, die Entzündung keine Besserung erkennen lassen oder eine Störung des Allgemeinbefindens auftreten, suchen Sie bitte umgehend einen Fachmann auf.

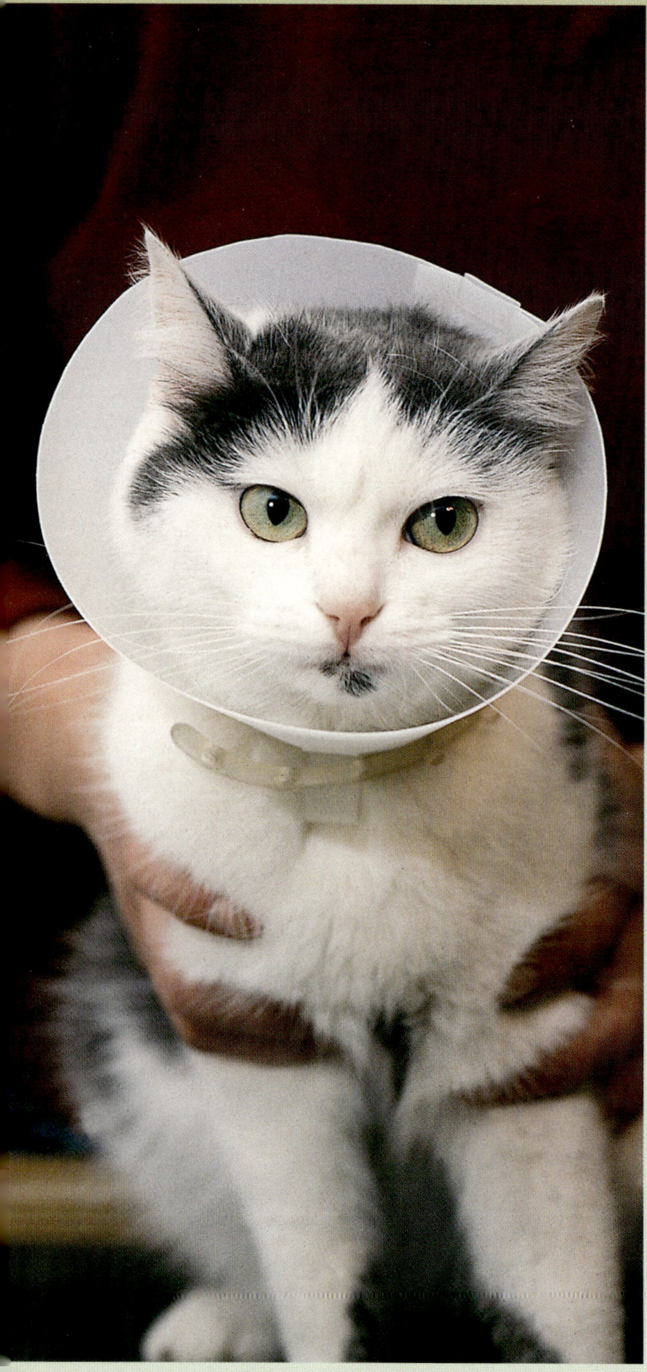

Damit eine Katze sich im Nacken- und Kopfbereich nicht wund kratzt, kann es nötig sein, dass sie einen Schutzkragen trägt. (Foto: Fries)

› Behandlung:

- Hepar sulfuris D3

  Ein Hauptmittel bei allen Eiterungen. Für diese Situation bestens geeignet, um den Abszess zum Reifen und selbstständigen Öffnen zu bringen.

- Silicea D12

  Wenn der geöffnete Abszess vom Eiter befreit wurde, sollten von dieser Arznei einige Gaben erfolgen. Damit sorgen Sie für eine komplikationslose und narbenfreie Ausheilung. Zugleich ist dieses Homöopathikum auch für den „kalten Abszess" geeignet. Fühlt sich dieser nämlich von Beginn an kalt an und ist nicht schmerzhaft, dann hilft für einige Tage Silicea, um ihn „einzuschmelzen".

Ekzeme

Ekzeme gibt es in trockener, feuchter, nässender, schorfiger oder infizierter Form. Diese Entzündungen der Haut können überall auftreten und entstehen durch innere und äußere Ursachen. Hautpilz, Parasiten, Magen-Darm-Erkrankungen oder Leber-Nieren-Schwäche sind abzuklären. Auch kommen Allergien, Stoffwechselstörungen, Fütterungsfehler oder eine Zuckerkrankheit in Betracht. Erster Ansatzpunkt der Therapie ist immer die Erforschung der Ursachen und deren Abstellung beziehungsweise Behandlung, soweit es möglich ist.

› Behandlung:

- Arsenicum album D6

  Für das trockene, meist chronische Ekzem das Mittel der Wahl. Die Haut ist blass, juckt und brennt. Das Haar fällt aus und wird schütter, mit kleinen Schuppen, die wie Staub aussehen. Dieser Patient trinkt öfter, aber immer nur kleine

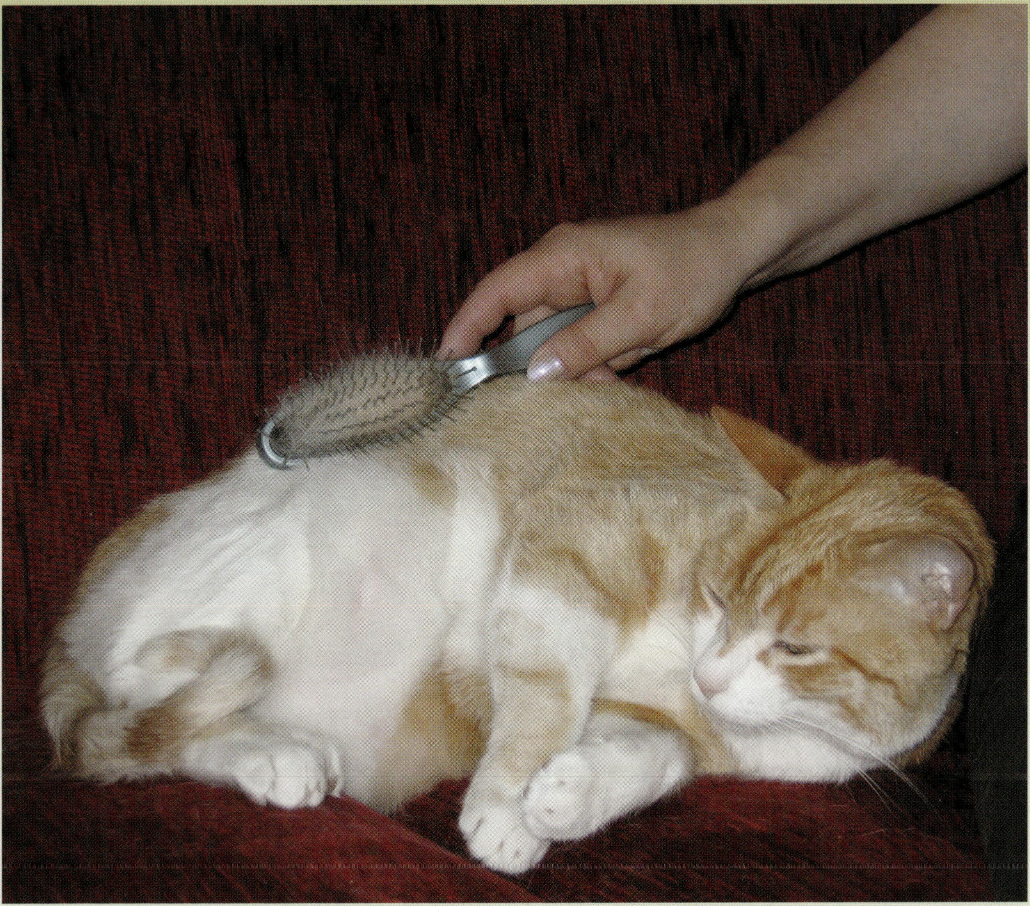

Nur beim Haarwechsel und unter starkem Stress ist es normal, dass einer Katze die Haare „büschelweise" ausfallen. (Foto: Aurahs)

Mengen. In der Nacht kommt es zur Verschlimmerung, während Wärme auffallend Besserung bringt.

- Graphites D6

Bei diesem feuchten Ekzem fallen die klebrigen, honigartigen Absonderungen auf. Diese befinden sich bevorzugt in den Gelenkbeugen und haben einen leicht fauligen Geruch. Der Patient ist gut genährt oder übergewichtig. So lässt er auch kaum etwas aus, was irgendwie nach Futter aussieht. Zudem fällt eine Trägheit, fast schon Faulheit auf. In dieses Bild passt dann auch der ausgiebige und immer wieder gerne genutzte Schlaf.

- Mercurius solubilis D6

Ein nässendes Ekzem verlangt nach diesem Mittel. Die Haut ist gerötet und entzündet mit einem bräunlichen Ton. Es besteht Juckreiz und eine übel riechende Absonderung, welche die Haare angreift und zum Ausfall bringt. Diese

Auffallend wildes und häufiges Kratzen ist in jedem Fall verdächtig. (Foto: Pinnekamp)

Ekzeme entwickeln sich sehr schnell. Die betroffenen Hautstellen sind schmerzhaft, weshalb sie vorsichtig beleckt werden.

- Petrolium D6

Typisch für dieses Arzneimittelbild sind Schrunden und ein nässender Ausschlag. Dieser befindet sich am Übergang von der Haut zu den Schleimhäuten, wie zum Beispiel Nasenspiegel oder Ohren. Eine Verschlimmerung der Symptome ist meistens in der kalten Jahrezeit zu beobachten.

Ein schorfiges Ekzem lässt sich mit diesem Mittel, eventuell im Wechsel mit Mezereum D6, gut angehen.

- Sulfur D6

Zeigt sich die Haut schmutzig und gerötet mit ziemlich großen Schuppen, ist diese Arznei das Richtige für unseren Patienten. Besonders dann, wenn bei der Katze übel riechende Ausdünstungen sowie gerötete Körperöffnungen (zum Beispiel Innenohr, Aftergegend) festzustellen sind. Häufig macht der Stuhlgang bei diesen

Patienten Probleme. Während eines Kotabsatzes stellt sich dieser nämlich zuerst fest und dann dünner dar. Zudem meiden Katzen, die dieses Mittel brauchen, Wärme.

Haarausfall und Haarbruch

Haarbruch tritt bei allen Rassevertretern und beiden Geschlechtern auf. Meistens ist eine unterschwellige Leberstörung die Ursache und sollte so auch behandelt werden.

Haarausfall, der vermehrt außerhalb des normalen Fellwechsels auftritt, deutet meistens auf eine Stoffwechselstörung hin. Aber auch Organerkrankungen (Leber, Niere), Pilzbefall oder Infektionskrankheiten kommen infrage. Auch eine emotionale Störung wie beispielsweise Stress, Angst und Kummer sollten als Auslöser nicht unterschätzt werden.

Hauptziel einer Behandlung ist die Abstellung der Ursache – soweit erkannt und möglich. Dementsprechend wird dann die Wahl aus unserer homöopathischen Hausapotheke getroffen. Die tägliche Gabe von Vitamin B ist unterstützend sehr hilfreich. Eine kleine Menge Bäckerhefe in warmem Wasser aufgelöst und mit dem Futter verabreicht, ist die einfachste und günstigste Möglichkeit, dieses Vitamin zuzuführen.

› Behandlung:

- Natrium muriaticum D12
  Wenn Ihre Katze fast ausschließlich mit Fertigbeziehungsweise Dosenfutter ernährt wird und mit Haarausfall zu kämpfen hat, ist dies das Mittel der Wahl. Das Fell ist besonders schütter in den Gelenkbeugen, am Unterbauch und in der Rückengegend schimmert die Haut durch. Auch kleine, trockene Krusten gehören in dieses Bild.
- Lycopodium D12
  Wenn das stumpfe, wie abgebrochen erscheinende Haar seine Lokalisation im Bereich der Schulter aufweist, greifen wir zu diesem Mittel.
- Silicea D12
  Wenn das Fell rau ist und trocken oder Juckrei unter langem Fell beobachtet wird.
- Sulfur D30
  Dieser Haarausfall hat seine Lokalisation besonders im Lenden- und Rückenbereich. Allerdings nicht so ausgeprägt, dass die Haut durchschimmert. Aber es fallen eine rote Haut, große Schuppen und Juckreiz auf.

Parasiten

Ektoparasiten sind unerwünschte Mitbewohner im Fell unserer Katze. Bis auf die Milben lassen sich alle Parasiten mit bloßem Auge erkennen. Bei Flöhen ist zu beachten, dass nur ein geringer Anteil im Fell der Katze zu finden ist. Der größte Teil lebt in der Umgebung, die daher bei der Behandlung unbedingt mit berücksichtigt werden muss.

Es gibt einige gute Produkte auf dem Markt, die dafür verwendet werden können. Und das muss nicht immer die giftige Chemiekeule sein. Im Handel wird man Sie gerne über Alternativen beraten. Tägliches Staubsaugen ist beim Flohbefall unerlässlich, wobei der Beutel nach jeder Anwendung entsorgt werden muss. Eine günstigere Möglichkeit bietet das Verteilen von Haushaltssalz über dem Teppichboden. Nach etwa zehn Minuten wird er dann abgesaugt und den Flöhen so der Garaus gemacht. Bei der Fellpflege sollte der Flohkamm eingesetzt werden.

Wenn Ihre Katze sich vermehrt an bestimmten Stellen oder überall am Körper kratzt und beknab-

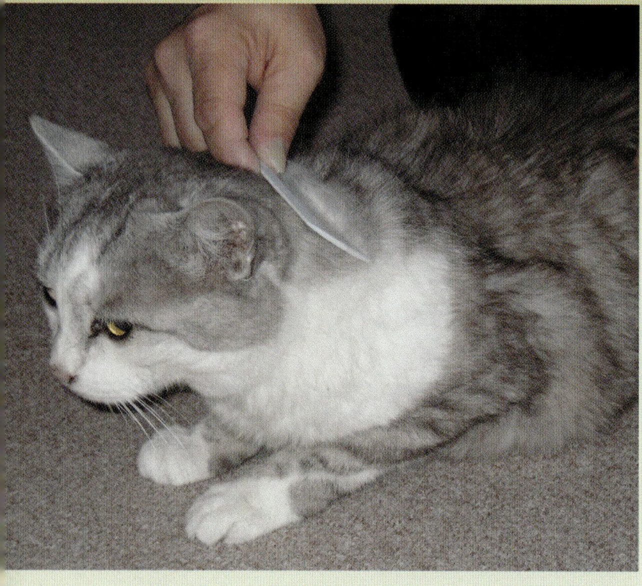

Wenn Flöhe oder Flohkot im Fell sind, bringen die feinen Zinken des Flohkammes sie ans Tageslicht. (Foto: Aurahs)

bert, ist dies immer ein Warnsignal. Durch das Kratzen können sich betroffene Hautstellen entzünden. Juckende Ekzeme können entstehen und werden oft von Haarausfall begleitet. Ein häufiger Befall mit Parasiten kann zu Durchfall, Erbrechen, Fieber und Abgeschlagenheit führen. Durch die Gabe homöopathischer Mittel kann eine lang anhaltende Umstimmung im Körper und dadurch eine bis zu hundertprozentige Reduktion der Parasiten erreicht werden.

› Behandlung:

- Apis D3

  Diese Arznei zweimal im Abstand von zwei Tagen mit einer Wiederholung jeweils nach sechs Monaten hilft gegen Raubmilben, Räudemilben, Demodikose und Herbstgrasmilben.
- Ledum D200

  Alle vier Wochen eine Gabe schützt vor Zecken, Läusen, Haarlingen und Flöhen.

Wer noch zusätzlich seinem Tier Schutz gegen Ektoparasiten bieten möchte, kann dies auf rein pflanzlicher Basis erreichen. Die Produkte Verminex® (Firma Canina) und Abwehrkonzentrat mild® (Firma cdVet) sind für diese Fälle sehr empfehlenswert.

Schuppen

Schuppenbildung ist zwar keine Krankheit, für den Katzenbesitzer jedoch das Zeichen für eine beginnende Stoffwechselstörung. Schuppen können in unterschiedlicher Form auftreten: klein und trocken bei trockener Haut oder fettig bei ebenso fettiger Haut. Häufig riechen die Katzen intensiv, als begleitendes Symptom kann Juckreiz auftreten. Neben der bereits erwähnten Stoffwechselstörung können auch Fehlernährung, allergische Reaktionen, Leberstoffwechsel- und Hormonstörungen die Ursache sein. Primär sollte der Auslöser gefunden und behandelt werden.

Behandlung:

- Arsenicum album D6

  Wenn die Haut der Katze blass und kühl ist. Die in großen Flocken abblätternden Schuppen sehen kleieartig aus. Die Katze kratzt sich ständig, was die Symptome aber verschlimmert. Das Fell ist stumpf, glanzlos, weich und trocken. Dieser Patient kann an den gereizten und aufgekratzten Hautstellen zusätzlich nässende Absonderungen aufweisen.
- Sulfur D6

  Wenn sich die Schuppen auf einer warmen und geröteten Haut zeigen. Neben einem intensiven Geruch erscheint das Fell trocken und stumpf. Auch bei bester Pflege erscheint dieser Patient ungepflegt.

Wird eine Katze unsauber, und findet sich kein körperlicher Grund, beginnt die detektivische Suche nach dem seelischen Problem. (Foto: Schanz)

Unsauberkeit und andere Verhaltensauffälligkeiten

Unsauberkeit

Während der Entwöhnungszeit wird den jungen Katzen von der Mutter noch die Grundlage der Reinlichkeit beigebracht. Und so sollte auch jedes Kätzchen im Alter von sechs Wochen das Katzenklo kennen und benützen.

Wenn eine erwachsene Katze plötzlich unsauber wird, kann dies verschiedene Auslöser haben. Allerdings darf dies nicht mit dem völlig normalen Verhalten rolliger Katzen oder reviermarkierender Kater verwechselt werden. Vielfach liegt die plötzliche Unsauberkeit im seelischen Bereich. Die möglichen Unsachen sind vielfältig: Konflikte mit anderen Tieren, Gewohnheitsveränderungen oder nicht erfüllte bestimmte Bedürfnisse sind nur einige Gründe. Es ist auch möglich, dass eine Katze schon sehr lange etwas ertragen hat, was ihr nicht passt (zum Beispiel ein sehr kleines Katzenklo), und eine kleine Veränderung in ihrer Umgebung (zum Beispiel das Umstellen eines Möbelstückes) dann erst ihren Protest auslöst. Nachdem Sie die mögliche Ursache gefunden und abgestellt haben, gibt es einige homöopathische Mittel zur Behandlung.

› Behandlung:

- Argentum nitricum D12

  Einige Katzen kommen mit Veränderungen nur sehr schlecht zurecht. So kann schon das Umstellen einiger Möbel eine Frustation und Unsauberkeit heraufbeschwören. In diesem Fall hilft eine dreimalige Gabe pro Tag dieser Arznei, um das seelische Gleichgewicht wieder herzustellen.
- Arnica D30

  Tritt das Problem infolge eines traumatischen Ereignisses auf, wie zum Beispiel ein Unfall, sollte diese Arznei einmal täglich bis zur Besserung verabreicht werden.
- Barium carbonicum D4

  Bei einer alten Katze kann es schon mal passieren, dass sie vergessen hat, wo ihre Toilette steht. Ein aufmerksamer Beobachter wird dies unschwer feststellen und mit einer zweimaligen Gabe pro Tag dem Gedächtnis wieder auf die Sprünge helfen.
- Causticum D12

  Hilft einem Patienten, der aufgrund hohen Alters unter einer Schwäche des Blasenschließmuskels leidet. Ist eine Schwäche des Afterschließmuskels zu beklagen, hilft Aloe D4.
- Chamomilla D200

  Ist die Stubenreinheit aufgrund einer Rivalität zweier oder mehrerer Katzen verloren gegangen, kommt dieses Mittel zum Einsatz. Beiden Streithähnen wird zugleich einmalig eine Gabe verabreicht, was sie in den meisten Fällen positiv beeinflusst.
- Dulcamara D4

  Sowohl diese Arznei als auch Rhus toxicondendron D12 finden ihren Einsatz bei körperlichen Ursachen für eine Unsauberkeit. Infolge einer Durchnässung oder auch eines Bades kann dieser Patient den Urin einfach nicht mehr halten.
- Ignatia D30

  Bei diesem Patienten stehen die seelischen Auslöser im Vordergrund. Ortswechsel, Verlust eines Freundes (Mensch und Tier), Kränkung oder auch Zurücksetzung werden durch Unsauberkeit zum Ausdruck gebracht. Eine dreimalige Gabe pro Tag sollte hier schnell Abhilfe schaffen.
- Opium D30

  Ein großer Schreck kann manchmal auch zu einer plötzlichen Unsauberkeit führen, wenn das Tier beispielsweise von einem anderen Lebewesen ernsthaft bedroht und gejagt wird. Auch eine Operation beziehungsweise die dazugehörige Narkose kann in seltenen Fällen Unsauberkeit herbeiführen. Mit dieser Arznei sollte das Problem schnell der Vergangenheit angehören.

Scheinaggressivität

Einige Vertreter der Katzen zeigen eine gewisse Scheinaggressivität, die durch Kratzen und Beißen in die Beine des Tierhalters zum Ausdruck kommt. Vielfach lassen sich solche Angriffe durch Spielzeug und Beschäftigung, die den Jagdtrieb befriedigt, abstellen. Aber bei einigen Tieren kann Angst und Wut der Auslöser für heftige Attacken gegenüber dem Betreuer sein. Hier hilft uns dann die Homöopathie weiter.

❯ Behandlung:

- Belladonna D30

Aus Angst setzen diese Patienten große und kleine Geschäfte plötzlich an Orten ab, wo sie es zuvor nie getan haben und auch nicht sollten. Ohne erkennbaren Grund werden die Menschen in ihrer Umgebung plötzlich angegriffen. Dahinter kann neben Angst auch Wut stecken. Nach einem solchen Wutanfall kommt die Katze nicht zum Einschlafen und wenn doch, dann knurrt und seufzt das Tier und knirscht mit den Zähnen. Gegen Licht und Lärm besteht eine unnatürliche Überempfindlichkeit. Eine Gabe Belladonna D30 täglich über sieben bis zehn Tage sollte diesem Tier helfen, wieder zu seiner alte Form zurück zu finden.

- Platinum D30

Dies ist eher ein Mittel für weibliche Katzen. Zuerst lässt sich dieses Tier streicheln und schnurrt vor sich hin, um im nächsten Moment plötzlich in heftigster Form zu beißen und zu kratzen. Die geringste Unannehmlichkeit ruft üble Laune und auch Zorn hervor, und das mitunter für Stunden. Diese Katzentypen betrachten die Welt von oben herab, sind arrogant, hochmütig und egozentrisch. Sie haben ständig Hunger und es ist ihnen auch noch eigen, in fremder Umgebung den gewohnten Hausstand zu fordern. Ein fremdes Katzenklo oder ein fremder Futternapf werden nicht akzeptiert. Einige Gaben Platinum sollten diese Katzen schnell auf den Boden der Tatsachen zurück befördern.

Langeweile, Nichts-tun-Können, ist ein typisches Problem von Wohnungskatzen. (Foto: Schanz)

Schlusswort

Mit diesem Buch haben Sie bereits den ersten Schritt gemacht, um Ihrer Katze eine sanfte und natürliche Behandlung angedeihen zu lassen. Aber Sie brauchen auch etwas Geduld: Geduld, um Ihren Schützling genau zu beobachten. Geduld, um das richtige Mittel auszuwählen. Geduld, bis (chronische) Erkrankungen ausgeheilt sind. Je länger Sie mit der Homöopathie arbeiten, umso sicherer werden Sie in der Mittelwahl und umso mehr Erkrankungen können Sie selbst behandeln.

Wie beim Menschen gilt auch bei unseren Tieren der Leitspruch: Vorbeugung ist die beste Therapie! Denn auch die besten Beschreibungen können keinen Tierarzt oder Tierheilpraktiker ersetzen, und diesen Anspruch erhebt auch dieses Buch nicht. Also vergessen Sie bitte nie, im Zweifelsfall immer einen Therapeuten zu konsultieren.

Literatur und Quellennachweis

Becvar, Wolfgang
Naturheilkunde für Katzen
Kosmos Verlag, 2003

Dauborn, Sylvia
Lehrbuch für Tierheilpraktiker
Sonntag Verlag, 2000

Hahnemann, Samuel
Organon der Heilkunst
Richard Haehl, 1921

Kummel, B.A.
Kleintierdermatologie in Frage und Antwort
Enke, im Hippokrates Verlag, 2000

Linnhoff, Gerhard
Lexikon der biologischen Hunde- und Katzenpflege, Band 2
Dr. Dirkers Verlag für neue Medien und Kommunikation, 1996

Löffler, Klaus
Anatomie und Physiologie der Haustiere
Ulmer Verlag, 1994

Millemann, Jacques
Materia Medica der homöopathischen Veterinärmedizin
Sonntag Verlag, 2002

Petzinger/Ziegler
Homöopathie in der Veterinärmedizin
Verlag der Ferber'schen Universitäts-Buchhandlung Gießen, 1995

Rakow, Barbara
Der homöopathische Katzendoktor Eine Naturheilkunde für Katzen
Pala Verlag, 1996

Steingasser, Hans Martin
Homöopathische Materia Medica für Veterinärmediziner
Wilhelm Maudrich Verlag, 2001

Wolff, H.G.:
Unsere Katze – gesund durch Homöopathie
Sonntag Verlag, 2002

van Zandvoort, Roger
Complete Repertory
Similium Verlag, 2000

Stichwortregister

A

B

I/J

K

L

M

N

O

P/Q

T/U

V

W

Z